Marius Arndt

Identifizierung von Interaktionspartnern und Funktion des N-Terminus des Qb-SNAREs Vti1p

Marius Arndt

Identifizierung von Interaktionspartnern und Funktion des N-Terminus des Qb-SNAREs Vti1p

Südwestdeutscher Verlag für Hochschulschriften

Impressum/Imprint (nur für Deutschland/ only for Germany)
Bibliografische Information der Deutschen Nationalbibliothek: Die Deutsche Nationalbibliothek verzeichnet diese Publikation in der Deutschen Nationalbibliografie; detaillierte bibliografische Daten sind im Internet über http://dnb.d-nb.de abrufbar.

Alle in diesem Buch genannten Marken und Produktnamen unterliegen warenzeichen-, marken- oder patentrechtlichem Schutz bzw. sind Warenzeichen oder eingetragene Warenzeichen der jeweiligen Inhaber. Die Wiedergabe von Marken, Produktnamen, Gebrauchsnamen, Handelsnamen, Warenbezeichnungen u.s.w. in diesem Werk berechtigt auch ohne besondere Kennzeichnung nicht zu der Annahme, dass solche Namen im Sinne der Warenzeichen- und Markenschutzgesetzgebung als frei zu betrachten wären und daher von jedermann benutzt werden dürften.

Verlag: Südwestdeutscher Verlag für Hochschulschriften Aktiengesellschaft & Co. KG
Dudweiler Landstr. 99, 66123 Saarbrücken, Deutschland
Telefon +49 681 37 20 271-1, Telefax +49 681 37 20 271-0
Email: info@svh-verlag.de
Zugl.: Bielefeld, Universität, Diss., 2009

Herstellung in Deutschland:
Schaltungsdienst Lange o.H.G., Berlin
Books on Demand GmbH, Norderstedt
Reha GmbH, Saarbrücken
Amazon Distribution GmbH, Leipzig
ISBN: 978-3-8381-1491-0

Imprint (only for USA, GB)
Bibliographic information published by the Deutsche Nationalbibliothek: The Deutsche Nationalbibliothek lists this publication in the Deutsche Nationalbibliografie; detailed bibliographic data are available in the Internet at http://dnb.d-nb.de.

Any brand names and product names mentioned in this book are subject to trademark, brand or patent protection and are trademarks or registered trademarks of their respective holders. The use of brand names, product names, common names, trade names, product descriptions etc. even without a particular marking in this works is in no way to be construed to mean that such names may be regarded as unrestricted in respect of trademark and brand protection legislation and could thus be used by anyone.

Publisher: Südwestdeutscher Verlag für Hochschulschriften Aktiengesellschaft & Co. KG
Dudweiler Landstr. 99, 66123 Saarbrücken, Germany
Phone +49 681 37 20 271-1, Fax +49 681 37 20 271-0
Email: info@svh-verlag.de

Printed in the U.S.A.
Printed in the U.K. by (see last page)
ISBN: 978-3-8381-1491-0

Copyright © 2010 by the author and Südwestdeutscher Verlag für Hochschulschriften Aktiengesellschaft & Co. KG and licensors
All rights reserved. Saarbrücken 2010

Identifizierung von Interaktionspartnern und Funktion des N-Terminus des Qb-SNAREs Vti1p in *Saccharomyces cerevisiae* und Produktion von Channelrhodopsin-2 in *Pichia pastoris*

Dissertation

zur Erlangung des Doktorgrades

der Fakultät für Chemie der Universität Bielefeld

vorgelegt von

Marius Arndt

aus Wennigsen (Deister)

Bielefeld, 2009

Referentin: Frau Prof. Dr. Gabriele Fischer von Mollard

Ko-Referent: Herr Prof. Dr. Thomas Dierks

Tag der Abgabe: 22. Juni 2009

Meinen Eltern Sabine und Hans-Jochen Arndt gewidmet

Inhaltsverzeichnis

1 Einleitung...1
   1.1 Proteintransport in eukaryotischen Zellen..2
      1.1.1 Nicht-sekretorischer Proteintransport bei Eukaryoten 2
      1.1.2 Sekretorischer Proteintransport bei Eukaryoten 3
      1.1.3 Vesikulärer Membrantransport 4
   1.2 Struktur und Funktion von SNARE-Proteinen..5
      1.2.1 Klassifikation und Nomenklatur von SNARE-Proteinen 7
      1.2.2 Molekularer Mechanismus der Membranfusion 8
      1.2.3 Struktur und Funktion des N-Terminus von SNARE-Proteinen................11
   1.3 Sekretorischer Proteintransport in *Saccharomyces cerevisiae*........................12
      1.3.1 Struktur und Funktion des Qb-SNAREs Vti1p aus *S. cerevisiae*............13
   1.4 Proteinaufreinigung mit der TAP (*tandem affinity purification*)-Methode...........16
   1.5 Struktur und Funktion des Retinalproteins Channelrhodopsin-2 aus *Chlamydomonas reinhardtii*..19
   1.6 Die methylotrophe Hefe *Pichia pastoris* als heterologes Expressionssystem 24

2 Ziele dieser Arbeit..27

3 Material und Methoden..28

   3.1 Material...28
      3.1.1 Geräte..28
      3.1.1 Verbrauchsmaterialien...29
      3.1.1 Chemikalien...30
      3.1.2 Proteaseinhibitoren..30
      3.1.3 Antikörper..31
      3.1.4 Enzyme, Nukleotide und Größenstandards...31
      3.1.5 Kommerzielle Kit-Systeme..32
      3.1.6 Hefestämme..32
      3.1.7 Bakterienstämme und Plasmide..35
         3.1.7.1 Bakterienstämme..35
         3.1.7.2 Plasmide...35
      3.1.8 Oligonukleotide..38
      3.1.9 Medien für *S. cerevisiae*, *P. pastoris* und *E. coli* Zellen........................40
         3.1.9.1 Synthetisches Minimalmedium (SD) für *S. cerevisiae*....................40
         3.1.9.2 YEPD-Medium für *S. cerevisiae*...41
         3.1.9.3 RDB-His-Agarplatten für *P. pastoris*...41
         3.1.9.4 BMGY- und BMMY-Medium für *P. pastoris*....................................41
         3.1.9.5 Luria Bertani-Medium für *E. coli*...42
      3.1.10 Stammlösungen und Puffer...42
      3.1.11 Elektronische Datenverarbeitung..44

   3.2 Methoden...45
      3.2.1 Molekularbiologische Methoden..45
         3.2.1.1 Elektrokompetente *E. coli* Zellen..45
         3.2.1.2 Elektroporation von *E. coli* Zellen...45
         3.2.1.3 Plasmid-Isolierung aus *E. coli* Zellen..45
         3.2.1.4 Konzentrationsbestimmung von DNA..46
      3.2.2 Klonierungstechniken..47
         3.2.2.1 PCR (*Polymerase Chain Reaction*)..47
         3.2.2.2 Primer-Phosphorylierung...48
         3.2.2.3 Gezielte Mutagenese via PCR...49

3.2.2.4 Ethanol-Präzipitation...49
3.2.2.5 DNA-Restriktion mit Restriktionsendonukleasen (RE)...50
3.2.2.6 Agarose-Gelelektrophorese...50
3.2.2.7 Ligation...51
3.2.2.8 Sequenzierung...51
3.2.2.9 Kryokultur von S. cerevisiae und E. coli...52
3.2.3 Hefegenetische Methoden...52
3.2.3.1 Plate-Transformation...52
3.2.3.2 Lithium-Acetat-Transformation...52
3.2.3.3 Chemisch-kompetente P. pastoris-Zellen...53
3.2.3.4 Transformationsmethoden für Pichia pastoris Hefezellen...53
3.2.3.4.1 Transformation durch Elektroporation...53
3.2.3.4.2 Polyethylenglykol 1000-Transformation von P. pastoris...54
3.2.3.5 In vivo Screening nach multiplen Insertionen...54
3.2.3.6 Isolierung von genomischer DNA aus Hefe...55
3.2.3.7 Yeast-Two-Hybrid-Interaktionen...55
3.2.4 Biochemische Methoden...56
3.2.4.1 Proteinextraktion aus Hefezellen...56
3.2.4.2 Tandem-Affinity-Purification (TAP) Methode...56
3.2.4.3 Protein-Konzentrierung mit Chloroform/Methanol...57
3.2.4.4 Proteinkonzentrationsbestimmung nach Bradford...58
3.2.4.5 SDS-Gelelektrophorese...58
3.2.4.6 Coomassie-Färbung...60
3.2.4.7 Silbernitrat-Färbung...61
3.2.4.8 Western Blot Analyse...62
3.2.4.9 Peptid-Präparation...63
3.2.4.10 ZipTip-Aufreinung von Peptiden...65
3.2.4.11 MALDI-TOF Peptidanalytik...65
3.2.5 Zellbiologische Methoden...65
3.2.5.1 Wachstumstest...65
3.2.5.2 CPY-Sekretionsassay...66
3.2.5.3 Indirekte Immunofluoreszenz...66
3.2.5.4 GFP-Fluoreszenz...69
3.2.5.5 Endosomale DsRed-FYVE-Färbung...69
3.2.5.6 FM4-64 Färbung...70

4 Ergebnisse...71

4.1 Interaktionspartner des N-Terminus des Qb-SNAREs Vti1p...71
4.1.1 Klonierung und Transformation des Fusionsproteins Vti1p-TAP in S. cerevisiae...71
4.1.2 Nachweis der Produktion und Affinitätsaufreinigung von Vti1p-TAP...72
4.1.2.1 Nachweis der Produktion von Vti1p-TAP...72
4.1.2.2 Affinitätsaufreinigung der Proteinkomplexe mit Vti1p-TAP...73
4.1.3 Interaktionspartner des N-Terminus von Vti1p...76
4.1.4 Nachweis der Interaktion von Vti1p mit YCL058W-A und YLL033W...91
4.1.4.1 HA-tagging und Western Blot von YCL058W-A und YLL033W...91
4.1.4.2 Yeast-2-Hybrid-Interaktionen von YCL058W-A und YLL033W...96
4.1.5 Optimierung der N-terminalen Vti1p Wechselwirkung mit YCL058W-A...99
4.1.6 Nachweis der Interaktion von Vti1p mit YJL082W und YOL045W...105
4.1.7 Nachweis der Interaktion von Vti1p mit YKR001C (VPS1)...107

4.2 Lokalisierung des N-terminal trunkierten Qb-SNAREs Vti1p...108
4.2.1 Lokalisierung von Vti1p(Q116)-HA, Vti1p(M55)-HA und Vti1p(wt)-HA...108
4.2.2 Lokalisierung von Vti1p(Q116)-GFP, Vti1p(M55)-GFP und Vti1p(wt)-GFP...110
4.2.3 Lokalisierung von Vti1p(Q116)-eGFP, Vti1p(M55)-eGFP und Vti1p(wt)-eGFP...111
4.2.4 Lokalisierung von eGFP-Vti1p(Q116), eGFP-Vti1p(M55) und eGFP-Vti1p(wt)...114
4.2.5 DsRed-FYVE-Mikroskopie der N-terminalen eGFP-Vti1p-Varianten...119
4.2.6 FM4-64 Assay mit den N-terminalen eGFP-Vti1p Varianten...121

4.3 Produktion von Channelrhodopsin-2 in *Pichia pastoris*......122
    4.3.1 Klonierung und Transformation des Fusionsproteins ChR2-RGS-6His in *P. pastoris*......122
    4.3.2 Produktionsoptimierung von ChR2-RGS-6HIS......126
    4.3.3 Klonierung von Einzelaminosäure-Mutanten des Proteins ChR2-RGS-6His......127

5 Diskussion......131

5.1 Interaktionspartner des N-Terminus des Qb-SNAREs Vti1p......131
    5.1.1 Isolierung von Proteinkomplexen mit Vti1p-TAP......131
    5.1.2 Interaktionspartner des N-Terminus von Vti1p......133
    5.1.3 Interaktionen von Vti1p mit YCL058W-A und YLL033W......136
    5.1.4 Interaktionen von Vti1p mit YJL082W und YKR001C......139

5.2 Lokalisierung der N-terminal trunkierten Vti1p-Varianten......140
    5.2.1 Lokalisierung von Vti1p(Q116)-HA, Vti1p(M55)-HA und Vti1p(wt)-HA......140
    5.2.2 Lokalisierung von Vti1p(Q116)-GFP, Vti1p(M55)-GFP und Vti1p(wt)-GFP......141
    5.2.3 Lokalisierung von eGFP-Vti1p(Q116), eGFP-Vti1p(M55) und eGFP-Vti1p(wt)......142

5.3 Produktion von Channelrhodopsin-2 in *Pichia pastoris*......146
    5.3.1 Expression von Channelrhodopsin-2 in *P. pastoris*......147
    5.3.2 Optimierung der Channelrhodopsin-2 Produktion......148
    5.3.3 Einzelaminosäure-Mutanten von Channelrhodopsin-2......149

5.4 Ausblick......151

6 Zusammenfassung......153

7 Literaturverzeichnis......155

8 Anhang......I
8.1 Abkürzungsverzeichnis......I
8.2 Abbildungsverzeichnis......V
8.3 Tabellenverzeichnis......VIII
8.4 Detektierte Interaktionspartner des N-Terminus von Vti1p......IX

1 Einleitung

Eine Zelle ist die elementare Einheit eines jeden Lebewesens und stellt ein strukturell abgegrenztes, eigenständiges und selbsterhaltendes System dar. Das Genom eines Lebewesens enthält die Informationen für sämtliche Funktionen und Aktivitäten seiner Zellen. Diese Funktionen und Aktivitäten werden hauptsächlich von Proteinen vermittelt. Für die korrekte Funktion dieser Proteine ist deren Transport zum richtigen Standort innerhalb der Zelle essentiell. Alle Lebewesen lassen sich in die drei Domänen der *Bacteria*, *Archaea* und *Eukarya* einteilen. Die Zellen der Domäne *Bacteria* und *Archaea* besitzen keinen Zellkern und weisen eine einfache intrazelluläre Organisation auf. Zellen von Organismen der Domäne *Eukarya* sind größer, besitzen einen Zellkern und zeigen eine komplexere intrazelluläre Organisation indem der Zellraum in mehreren Kompartimenten aufgeteilt ist. Diese Kompartimente, auch als Organelle bezeichnet, sind für unterschiedliche Funktionen innerhalb der Zelle verantwortlich. Ein Proteintransport zu und zwischen den Organellen ist essentiell für den Erhalt der Organellidentität und ihrer Funktion.

Die Organelle sind durch eine Membran vom Cytosol abgegrenzt. Diese Membran fungiert als semi-permeable Barriere für Ionen und Makromoleküle. Für den Transport von Proteinen über eine Membran hat die Evolution mehrere Mechanismen entwickelt, von denen einige sowohl bei Pro- als auch bei Eukaryoten vorkommen. Andere Mechanismen kommen nur bei Eukaryoten vor und stellen höhere Anforderungen an den Proteintransport innerhalb einer Zelle mit subzellulärer Kompartimentierung.

Die Hefe *Saccharomyces cerevisiae* ist ein Modellorganismus für die Untersuchung des Proteintransports bei Eukaryoten. Viele am Proteintransport beteiligter Proteine sind im Laufe der Evolution innerhalb der *Eukarya* konserviert geblieben. Eine Untersuchung des Proteintransports in der Hefe könnte daher dabei helfen, die Abläufe des Proteintransports im Menschen besser zu verstehen.

1.1 Proteintransport in eukaryotischen Zellen

Durch die subzelluläre Kompartimentierung eukaryotischer Zellen hat jedes Organell eine bestimmte Funktion und eine entsprechende Proteinausstattung. Der Proteintransport innerhalb der eukaryotischen Zelle stellt sicher, dass jedes Organell die für seine korrekte Funktion erforderlichen Proteine enthält.

1.1.1 Nicht-sekretorischer Proteintransport bei Eukaryoten

Ein großer Anteil des Proteingehalts der Mitochondrien, Chloroplasten und Peroxisomen wird aus dem Cytosol importiert. Für diese Aufgabe wird ein spezifisches Transportsystem benötigt. Die im Cytosol synthetisierten Proteine müssen erkannt und zu den Zielorganellen geleitet werden, dabei findet eine Erkennung der Proteine über spezifische Signalsequenzen statt. Nach einer Erkennung erfolgt eine Interaktion mit der Membran des Organells, die zu einer Translokation des Proteins in bzw. über die Membran führt (Schatz et al., 1996).

Trotz des eigenen Genoms der Mitochondrien und Chloroplasten, wird die Mehrheit der mitochondrialen Proteine und Chloroplasten-Proteine durch zelluläre Gene kodiert. Die Proteinbiosynthese findet dabei an den freien Ribosomen im Cytosol statt. Synthetisierte Proteine müssen anschließend zu den Zielorganellen dirigiert werden. Dieser Transport ist ein energieabhängiger Prozess, der von Translokationskomplexen durchgeführt wird.

Ein Transport von Proteinen in den Zellkern erfolgt durch *Nuclear Pore Complexes* (NPCs). Dieser Transportweg ist einzigartig und zeigt wenig Homologie zu anderen Translokalisationsmechanismen (Agarraberes et al., 2001).

Peroxisomale Proteine werden im Cytosol synthetisiert. Eine Erkennung erfolgt über eine spezifische Signalsequenz, die die anschließende Translokalisation ermöglicht (Terlecky et al., 2000). Peroxisomale Membranproteine werden nicht direkt zum Peroxisom geführt, sondern knospen direkt vom Endoplasmatischen Retikulum (ER) ab (Smith et al., 2009).

1.1.2 Sekretorischer Proteintransport bei Eukaryoten

Der sekretorische Weg ermöglicht den vorwärtsgerichteten (anterograden) und rückwärtsgerichteten (retrograden) Transport von Proteinen, Lipiden und anderen Makromolekülen zwischen den Organellen. Als Endocytose wird die Aufnahme von Makromolekülen aus dem Extrazellularraum und der anschließende Transport in das Zellinnere bezeichnet. Die Exocytose beschreibt den Transport und die Sekretion von Makromolekülen aus dem Zellinneren zur Zelloberfläche.

Der Ausgangspunkt des sekretorischen Proteintransports ist das ER. Die von den Ribosomen synthetisierten Proteine, die für eine Sekretion vorgesehen sind, werden durch einen Multiproteinkomplex, den *Signal Recognition Particle* (SRP), zu den Translokationsporen im ER geführt (Stroud *et al.*, 1999). Der SRP bindet an eine Signalsequenz im neu synthetisierten Protein, unterbricht die Translation und bindet über einen SRP-Rezeptor an die ER-Membran. Es erfolgt eine Komplexbildung zwischen Ribosom und Translokalisationspore. Der SRP dissoziiert vom Zielprotein, dabei wird die Translation wieder initiiert und die naszierende Polypeptidkette in das ER-Lumen translokalisiert. Dieser Prozess ist energieabhängig, dazu wird GTP durch die GTPase-Aktivität des SRP und des SRP-Rezeptors hydrolysiert (Shan *et al.*, 2004). Einige Proteine wie Sed5p und Cytochrom b5 weisen am C-Terminus eine Transmembrandomäne auf. Solche Proteine werden post-translational in die Membran insertiert (Borgese *et al.*, 2003). SRP kann an solche Proteine während ihrer Synthese nicht binden, weil sich die ersten 30 Aminosäuren der Polypeptidkette im Ribosom befinden und nicht zugänglich sind (Yabal *et al.*, 2003). Cytochrom b5 wird ohne Beteiligung anderer Proteine direkt in die Membran insertiert (Brambillasca *et al.*, 2006). Die Insertion von Sed5p ist ATP-abhängig und wird durch den GET-Komplex, der aus den Proteinen Get1, Get2 und Get3 besteht, vermittelt (Schuldiner *et al.*, 2008).

Proteine werden nach der Translokation in das ER, wo neben der korrekten Faltung noch Modifikationen wie z.B. N-Glykosylierungen stattfinden, zum Golgi-Apparat transportiert, wo während des Transports vom *trans*- zum *cis*-Golgi weitere Prozessierungen und Modifikationen (z.B. O-Glykosylierungen) erfolgen. Als nächste Station im sekretorischen Proteintransport folgt die Sortierung der

Lipide und Proteine im Trans-Golgi-Netzwerk (TGN). Das TGN vermittelt den anterograden Transport zum Endosom und den retrograden Transport zum Golgi-Apparat (Bard et al., 2006).

Der Transport zwischen den beteiligten Organellen wird durch Vesikel vermittelt. Eine Retention bzw. ein Rücktransport von Proteinen wird durch bestimmte Signalsequenzen ermöglicht. Lösliche Proteine des ERs werden z.B. über die KDEL-Sequenz und den zugehörigen Rezeptor im Golgi-Apparat wieder zurück zum ER transportiert (Munro et al., 1987). Die unterschiedlichen Transportwege innerhalb einer eukaryotischen Zelle sind in Abb.1-1 dargestellt.

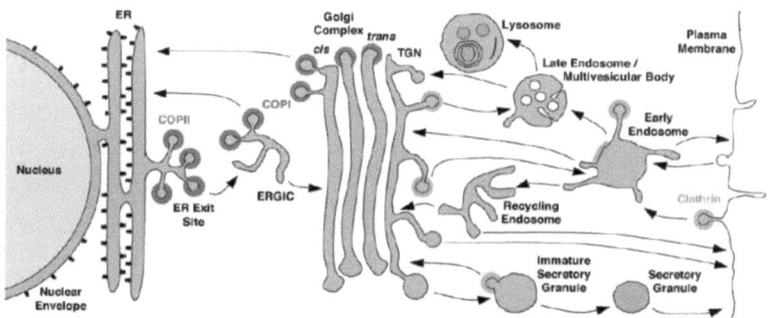

Abb.1-1 Schematische Darstellung der Transportwege innerhalb einer eukaryotischen Zelle. Anhand von Pfeilen sind die Richtungen des sekretorischen, endo- und exozytotischen, sowie des lysosomalen Proteintransports gezeigt. Die Farben geben die Lokalisierung der verschiedenen Hüllproteine der Transportvesikel an (Bonifacino et al., 2004).

1.1.3 Vesikulärer Membrantransport

Der vesikuläre Membrantransport ist in mehrere Schritte unterteilt. Zuerst werden die Vesikel von der Membran eines Donororganells gebildet (*budding*), anschließend erfolgt der Transport und die Interaktion mit dem Zielorganell (*docking*). Im letzten Schritt erfolgt die Fusion mit der Zielmembran (*fusion*). Für den ersten Schritt des Mebrantransports, dem *budding* bzw. der Knospung von Vesikeln aus der Donormembran, werden die kleinen GTPasen der Arf- bzw. Sar1-Familie benötigt. Sie sind in ihrer GTP-gebundenen Form für die Rekrutierung der spezifischen Hüllproteine der Vesikel aus dem Cytosol verantwortlich. Die Hüllproteine lagern sich als Monomere an die Membran an und werden anschließend quervernetzt, was zu einer Krümmung der Donormembran führt und letztendlich in einer Abschnürung der Transportvesikel resultiert (Hirst et al., 1998). Die Art des Hüllproteins hängt vom jeweiligen Transportweg ab. Die derzeit bekanntesten Hüllproteine sind *coatomer protein complex* (COP) I, COPII und Clathrin (Bonifacino et al., 2004). Nach der Abschnürung des Vesikels erfolgt die Dissoziation des Hüllprotein-Polymers im Cytosol. In einem dritten Schritt, dem sog. *tethering*, wird der Kontakt des Vesikels zur Zielmembran initiiert. Für diese Interaktion sind die *tether*-Proteine verantwortlich. Der Prozess des *tetherings* ist mehrstufig und wird durch die Interaktion der *tethering*-Faktoren mit den Hüllproteinen des Vesikels eingeleitet. An diesem Schritt sind neben den *tether*-Proteinen auch die sog. Rab-Proteine beteiligt. Es wird vermutet, dass die *tethering*-Faktoren eine Rolle bei der Dissoziation der Vesikel-Umhüllung spielen. Nach der Entfernung der Umhüllung bringen die *tether*-Proteine die Vesikel in engen Kontakt mit dem Zielorganell und unterstützen die SNARE (*soluble N-ethylmaleimide-sensitive factor attachment protein receptor*)-vermittelte Membranfusion durch Stimulierung der Bildung des sog. *trans*-SNARE-Komplexes.

1.2 Struktur und Funktion von SNARE-Proteinen

Die Familie der SNARE-Proteine besteht aus 25 Mitgliedern in *S. cerevisiae*, mehr als 36 Mitgliedern im Menschen und 54 Mitgliedern in *Arabidopsis thaliana* (Jahn et al., 2006). Sie sind an allen Transportschritten innerhalb einer Zelle beteiligt und haben eine Schlüsselfunktion bei der Fusion eines Vesikels mit seiner Zielmembran. Die meisten SNAREs sind kleine Membranproteine mit C-terminaler Transmembrandomäne und einem Molekulargewicht von 15 bis ca. 40 kDa. Als charakteristisches Merkmal aller SNAREs gilt das SNARE-Motiv, eine homologe Domäne von ca. 60 Aminosäuren (Jahn et al., 1999). Eine Fusion des Vesikels mit dem Zielorganell wird durch die Interaktion von SNAREs erreicht. Hierzu interagieren sie miteinander über ihre SNARE-Domäne, wodurch es zu einer Komplexbildung kommt. Innerhalb dieses Komplexes liegt im Zentrum ein aus den SNARE-Domänen der beteiligten SNAREs gebildetes, α-helicales Vier-Helix-Bündel in *coiled coil*-Struktur vor. Dieser Komplex wird als

SNARE-Komplex bezeichnet und ermöglicht die Überwindung der Energiebarriere, die eine Fusion von zwei Membranen verhindert. Das Protein NSF (**N**-ethylmaleimide-sensitive factor) katalysiert die Auflösung und das Recycling des Vier-Helix-Bündels eines SNARE-Komplexes. Die vier α-Helices des Kernkomplexes sind parallel zueinander angeordnet und besitzen eine Gangweite von sieben Aminosäuren pro Windung, wobei jede erste und jede vierte Aminosäure in das Innere des Vier-Helix-Bündels weisen. Es werden dabei 16 planare und symmetrische Ebenen aus den, nach Innen gerichteten, meist hydrophoben Aminosäuren der vier Helices gebildet. Eine Interaktion zwischen den vier SNARE-Motiven erfolgt über hydrophobe Wechselwirkungen der Aminosäureseitenketten entlang der Achse des gebildeten Helixbündels. Die mittig gelegene Zentralebene, auch 0-Ebene oder ionische Ebene genannt, besteht nicht aus hydrophoben Aminosäuren, sondern aus einer Arginin (R)- und drei Glutamin (Q)-Seitenketten. Ausgehend von der 0-Ebene werden die Ebenen in C-terminaler Richtung positiv und in N-terminaler Richtung negativ nummeriert.

A
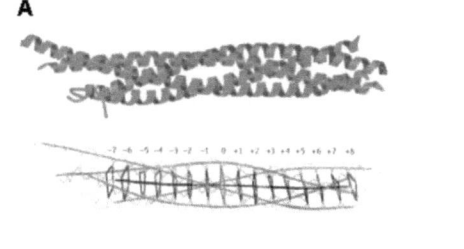

B
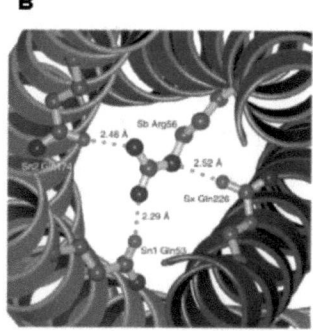

Abb.1-2 Vier-Helix-Bündel eines SNARE-Komplexes. In A ist die Kristallstruktur eines neuronalen SNARE-Komplexes gezeigt. Der Komplex enthält die SNARE-Domänen von Syntaxin-1 (Qa, rot), SNAP-25 (Qb und Qc, grün) und VAMP (R-SNARE, blau). Darunter ist eine schematische Abbildung der 16 interagierenden Ebenen der Aminosäuren in einem neuronalen SNARE-Komplex. Die ionische 0-Ebene ist rot eingefärbt (nach Jahn et al., 2006). In Abbildung B ist die zentrale 0-Ebene als 3D-Modell dargestellt. Gezeigt sind das Arginin und die drei Glutamine in hydrophober Wechselwirkung (nach Sutton et al., 1998).

1.2.1 Klassifikation und Nomenklatur von SNARE-Proteinen

Die Klassifikation der SNARE-Proteine erfolgt einerseits aufgrund ihrer Lokalisierung in den unterschiedlichen Membranen oder nach ihrer Struktur bzw. Aminosäuresequenz in der 0-Ebene des Vier-Helix-Bündels. Anfänglich wurde davon ausgegangen, dass für jeden Transportschritt vier einzigartige SNAREs existieren. Die SNAREs des Donororganells und des Zielkompartiments wurden als v-SNAREs (*vesicle-membrane*) und t-SNAREs (*target-membrane*) bezeichnet. Da ein SNARE-Protein in verschiedenen Transportschritten involviert und mit unterschiedlichen Partner-SNAREs interagieren kann, wurde eine eindeutigere Nomenklatur notwendig (Fasshauer *et al.*, 1998). Durch die Aufklärung der Struktur des neuronalen SNARE-Komplexes (Sutton *et al.*, 1998) und die damit verbundene Entdeckung der 0-Ebene mit den hochkonservierten Aminosäuren Arginin (R) und Glutamin (Q) wurden die SNAREs in Q- und R-SNAREs eingeteilt (s. Abb.1-3).

Die Q-SNAREs sind aufgrund weiterer Aminosäuren im hydrophoben Kern unterteilt in Qa, Qb und Qc-SNAREs (Bock *et al.*, 2001). Einige SNAREs, z.B. SNAP-25, verfügen über zwei SNARE-Motive und werden als Qbc-SNAREs bezeichnet. Für die Membranfusion eines Vesikels mit seinem Zielorganell werden SNARE-Komplexe mit einer RQaQbQc-Zusammensetzung und paralleler Anordnung der α-Helices benötigt (McNew *et al.*, 2000).

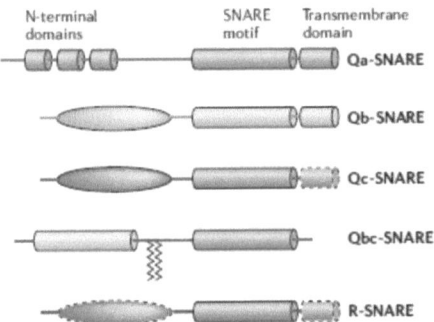

Abb.1-3 Schematische Darstellung der Struktur der SNAREs. Gezeigt ist die strukturelle Klassifikation in Qa, Qb, Qc und R-SNAREs (nach Jahn *et al.*, 2006).

Viele SNAREs verfügen über eine N-terminale Domäne, die sich je nach SNARE in der Aminosäuren-Zusammensetzung und Struktur unterscheiden. Die Qa-SNAREs und einige Qb- und Qc-SNAREs weisen N-terminal ein Drei-Helix-Bündel auf. Die R-SNAREs enthalten einen N-Terminus mit Profilin-ähnlicher Faltung (Gonzales et al., 2001). Es kann vorkommen, wie im Falle des Syntaxin- 1, dass bei manchen Qa-SNAREs der N-Terminus mit dem SNARE-Motiv des eigenen SNAREs interagiert (Nicholson et al., 1998). Der N-Terminus des Qc-SNAREs Tlg1p aus *S. cerevisiae* kann beispielsweise Proteine binden, die das *tethering* von Vesikeln vermitteln (Siniossoglou et al., 2001). Bei einigen SNAREs kann die N-terminale Domäne einen Einfluss auf die Vitalität einer Zelle haben (Munson et al., 2000).

1.2.2 Molekularer Mechanismus der Membranfusion

Die Fusion eines Vesikels mit der Membran seines Zielorganells erfolgt in vier Schritten (s. Abb.1-4). Zuerst nähert sich das Vesikel mit dem passenden R-SNARE der Zielmembran mit den komplementären Qa, Qb und Qc-SNAREs. Es folgt das sog. *tethering*, in dem Ypt/Rab- und spezielle *tether*-Proteine einen ersten Kontakt zwischen Vesikel und Zielmembran herstellen. Es sind zwei Arten von *tethering*-Faktoren derzeit bekannt: lange *coiled-coil* Proteine und Komplexe mit mehreren Untereinheiten (Cai et al., 2007). Bei den langen, *coiled-coil tethering*-Faktoren wird vermutet, dass das eine Ende des Proteins in der Zielmembran verankert ist und das andere Ende nach passenden, vorbeiziehenden Vesikeln sucht, die eine Bindung eingehen können (Whyte et al., 2002). Die Familie der *tethering*-Faktoren mit mehreren Untereinheiten besteht aus acht konservierten Komplexen (COG, CORVET, Dsl1, exocyst, GARP/VFT, HOPS/class c VPS, TRAPPI und TRAPPII) und sind an der Exo- als auch an der Endocytose beteiligt. CORVET, HOPS und GARP/VFT haben eine Funktion bei der vakuolären Proteinsortierung, TRAPPI, TRAPPII, Dsl1, COG und exocyst sind an der Sekretion von Proteinen beteiligt.

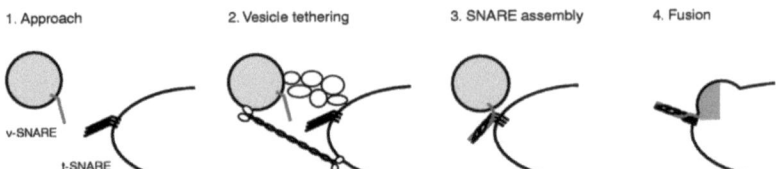

Abb.1-4 Schema des Ablaufs der Vesikelfusion mit seiner Zielmembran. Die Prozesse der Vesikelfusion lassen sich in vier Schritte unterteilen: 1) Annäherung des Vesikels an die Zielmembran, 2) Herstellung eines ersten Kontakts zwischen Vesikel und Zielmembran durch *Tethering*-Proteine, 3) das R-SNARE des Vesikels und die Q-SNAREs der Zielmembran bilden einen SNARE-Komplex, 4) das Vesikel fusioniert mit seiner Zielmembran (nach Whyte *et al.*, 2002).

Die Rab-Proteine sind GTPasen und fungieren hier als molekulare Schalter, die durch Austausch von GDP durch GTP aktiviert werden. Dieser Austausch wird von GEFs katalysiert. Rabs sind essentiell für die Bildung von SNARE-Komplexen (Søgaard *et al.*, 1994) und regulieren die Vesikelknospung, das Vesikel-*tethering* und die Vesikelfusion (Novick *et al.*, 2006). Unterstützt werden die Rab-Proteine durch Rab-Effektoren, die u. a. auch am Vesikel-Transport und dem Vesikel-*tethering* beteiligt sind. *Tethering*-Proteine können sowohl als Rab-Effektor fungieren, als auch als GEFs für die Rab-Proteine. Die Rab-Proteine ermöglichen in ihrer GTP (**G**uanosin-**Tri**phosphat)-gebundenen Form die Rekrutierung der *tether*-Proteine an die spezifischen Organellen. Es handelt sich bei ihnen um kleine GTPasen der Ras-Familie. Sie zirkulieren zwischen dem Cytosol und den Organellmembranen und sind in der GDP (**G**uanosin-**D**i**p**hosphat)-gebundenen Form mit dem GDI (*guanine nucleotide dissociation inhibitor*) komplexiert. Durch den GDF (*GDI displacement factor*) werden die Rab-Proteine über eine Prenyl-Gruppe in der Membran des Vesikels verankert und durch den GEF (*guanine nucleotide exchange factor*) über einen Austausch von GDP mit GTP aktiviert. Eine Inaktivierung erfolgt durch eine GTP-Hydrolyse, die durch das GAP (*GTPase activating protein*) initialisiert wird. Derzeit sind in der Hefe elf Rab-Proteine bekannt. Nach dem *tethering* erfolgt eine Zusammenlagerung von vier unstrukturierten SNAREs und es erfolgt die Bildung des *trans*-SNARE-Komplexes. Diese Bildung verläuft über einen helicalen QaQbQc-Intermediär-SNARE-Komplex, der auch als Akzeptorkomplex bezeichnet wird. Bei der Akzeptorkomplex-Bildung findet eine grundlegende

Konformationsänderung innerhalb der SNARE-Motive der beteiligten SNAREs statt. Die Konformationsänderung zu einer α-helicalen Struktur beginnt am N-Terminus des Vier-Helix-Bündels und setzt sich weiter bis zum C-Terminus fort (Xu *et al.*, 1999). Hierbei spielen SM (**S**ec1/**M**unc18-*related*)-Proteine eine essentielle Rolle. Sie unterstützen die Bildung des Akzeptorkomplex auf der Zielmembran. Durch diese reißverschlussartige Zusammenlagerung des Vier-Helix-Bündels werden Vesikel- und Zielmembran näher zueinander gezogen und eine Fusion wird eingeleitet. Die bei der Komplexbildung freigesetzte Energie begünstigt die Überwindung der elektrostatischen Abstoßungskräfte zwischen den Membranen und ermöglicht die Fusion von Lipiddoppelschichten (Fasshauer *et al.*, 2003). Zuerst fusionieren die beiden cytoplasmatischen Lipidmembranen miteinander (Hemifusion). Nach der Hemifusion kommt es zur vollständigen Fusion beider Lipiddoppelschichten und eine Fusionspore wird gebildet. Diese Fusionspore dehnt sich aus, bis die beteiligten SNAREs als *cis*-SNARE-Komplex auf der Akzeptormembran vorliegen (Jahn *et al.*, 1999). Eine Dissoziation des *cis*-SNARE-Komplexes erfolgt in Kooperation mit der ATPase NSF (***N**-ethylmaleimide **s**ensitive **f**actor*) und ihrem Cofaktor α-SNAP (***s**oluble **NSF a**ttachment **p**rotein*). Das hexamere NSF bildet zusammen mit dem trimeren α-SNAP einen Komplex, der unter ATP-Hydrolyse den *cis*-SNARE-Komplex dissoziiert und die freien SNAREs für einen neuen Zyklus der Membranfusion verfügbar macht (s. Abb.1-5).

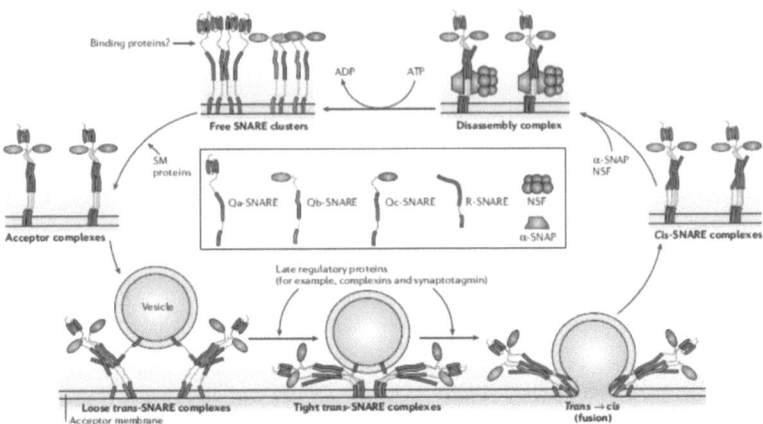

Abb.1-5 Modell der molekularen Membranfusion. Die freien Q-SNAREs der Zielmembran lagern sich zu dem Akzeptorkomplex zusammen. Dieser Schritt wird durch SM-Proteine vermittelt. Es folgt die Bildung des *trans*-SNARE-Komplexes, indem sich das R-SNARE des Vesikels mit den Q-SNAREs der Zielmembran zusammenlagert. Der *trans*-SNARE-Komplex geht in den *cis*-SNARE-komplex über und ermöglicht die Fusion des Vesikels mit dem Zielorganell. Nach Bindung von NSF und α-SNAP werden die SNAREs des *cis*-Komplexes unter ATP-Verbrauch wieder freigesetzt, so dass einer neuer Zyklus erfolgen kann (nach Jahn et al., 2006).

1.2.3 Struktur und Funktion des N-Terminus von SNARE-Proteinen

Der N-Terminus vieler SNARE-Proteine bildet eine unabhängig gefaltete Domäne. Die Aminosäuresequenz unterscheidet sich teilweise stark zwischen den Mitgliedern der SNARE-Familie und ist nicht konserviert. Die N-Termini der Qa-SNAREs zeigen eine ähnliche Struktur. Ihre N-terminale Domäne zeigt eine Tripel-Helix-Struktur und wird daher als $H_{A, B, C}$ bezeichnet (Fiebig et al., 1999). Diese Domäne kann mit dem SNARE-Motiv interagieren und bildet dabei eine geschlossene Konformation. Das SNARE-Protein ist somit nicht mehr fähig, an der Bildung eines SNARE-Komplexes teilzunehmen (Munson et al., 2000). Eine regulatorische Funktion wird daher für den N-Terminus der Qa-SNAREs vermutet. Eine Funktion bei der Spezifität der Fusion zwischen Vesikel und Zielorganell konnte für den N-Terminus bislang nicht gezeigt werden. Die SNARE-Proteine Pep12p, Tlg1p und Vti1p zeigen beim Fehlen aller N-terminalen Domänen weiterhin die spezifische Bildung des frühen endosomalen SNARE-Komplexes mit Tlg2p (Paumet et al., 2004). Eine weitere Funktion stellt die Interaktion mit Komponenten der Vesikelbildung dar. Der bislang uncharakterisierte N-Terminus des Qb-SNAREs Vti1p zeigt eine Interaktion mit der ENTH-Domäne des Proteins Ent3p. ENTH-haltige Proteine werden zur Bildung von Clathrin-beschichteten Vesikeln bei der Endocytose benötigt (Chidambaram et al., 2004). Das Ent3p bindet ebenfalls an die SNARE-Proteine Pep12p und Syn8p (Chidambaram et al., 2008).

1.3 Sekretorischer Proteintransport in *Saccharomyces cerevisiae*

Die Bäckerhefe *Saccharomyces cerevisiae* ist ein einzelliger Eukaryot und ein etablierter Organismus für Untersuchungen des molekularen Membrantransports. Proteine aus dem Extrazellularraum werden direkt nach Aufnahme in die Zelle über das frühe und späte Endosom zur Vakuole transportiert, wo sie proteolytisch degradiert werden. In der Hefe existieren intrazellulär drei Transportwege zur Vakuole, die über spezifische Markerproteine untersucht werden können. Über 50 Gene, die sich am Transport vom Golgi-Apparat zur Vakuole beteiligen, sind bisher identifiziert. Sie sind in drei Genfamilien *VPS* (*vacuolar protein sorting*), *PEP* (*peptidase deficient*) und *VAM* (*vacuolar morphology*) zusammengefasst (Bryant et al., 1998). Der Transport zur Vakuole erfolgt über den Zwischenschritt des späten Endosoms (auch als *prevacuolar compartment* (PVC) oder als *multivesicular body* (MVB) bezeichnet). Das lösliche, vakuoläre Protein Carboxypeptidase Y (CPY) wird über diesen Weg zur Vakuole transportiert, daher wird dieser Weg als CPY-Transportweg bezeichnet (Conibear et al., 1998). Die inaktive *precursor*-Form der CPY wird nach der Translation in das Lumen des ERs transportiert und nach Abspaltung einer Signalsequenz in der *core*-Region glykosyliert. Das Protein liegt als inaktive p1CPY-Form mit einem Molekulargewicht von 67 kDa vor. Das p1CPY wird zum Golgi-Apparat transportiert, wo durch weitere Glykosylierung die 69 kDa schwere p2CPY-Form generiert wird. Im Trans-Golgi-Netzwerk (TGN) bindet das p2CPY über eine spezifische Signalsequenz an den CPY-Transportrezeptor Vps10p (Marcusson et al., 1994). Dieser Komplex wird weiter zu dem späten Endosom transportiert, wo Vps10p dissoziiert und p2CPY weiter zur Vakuole befördert wird (Cooper et *al.*, 1996). In der Vakuole wird p2CPY zur maturen Form mCPY prozessiert und verfügt über ein Molekulargewicht von 61 kDa.

Ein Transport vom späten Golgi zur Vakuole ist auch ohne Zwischenschritt über das späte Endosom möglich. Die alkalische Phosphatase (ALP) nimmt diesen Weg (Piper *et al.*, 1997). Die ALP wird nach Translation als inaktiver *precursor* pALP in das ER-Lumen importiert und hat nach der Glykosylierung ein Molekulargewicht von 76 kDa. Das pALP wird unverändert durch den Golgi-Apparat transportiert und letztendlich in der Vakuole zur maturen mALP-Form mit einem Gewicht von 72 kDa umgewandelt.

Der dritte Weg zur Vakuole wird als API-Transportweg oder Cvt-Weg (*cytoplasm-to-vacuole-targeting*) bezeichnet und von der vakuolären Hydrolase Aminopeptidase I (API) genutzt (Nair *et al.*, 2005). Die API wird im Cytoplasma als 61 kDa schwere precursor-Form pAPI synthetisiert und anschließend oligomerisiert. Es folgt die Umhüllung mit einer Lipiddoppelmembran unter Entstehung des membranumschlossenen Cvt-Vesikels. An der Vakuole fusioniert zuerst die äußere Membran des Cvt-Vesikels. Danach erfolgt ein Abbau der inneren Membran und pAPI wird in die aktive mAPI-Form mit einem Molekulargewicht von 50 kDa gespalten. Unter Nährstoffmangel tritt ein ähnlicher Mechanismus als sog. Autophagozytose auf. Das gebildete Autophagosom ist größer als die Cvt-Vesikel und umhüllt das Cytosol und die Zellorganellen (Nair *et al.*, 2005).

Diese Markerproteine können als Indikatoren zur Untersuchung von Defekten in dem jeweiligen Transportweg genutzt werden. Die Homologie der Transportproteine in der Hefe zu den entsprechenden Proteinen in höheren Organismen erlaubt Rückschlüsse auf die Transportmechanismen in Säugern, z.B. des Menschen.

1.3.1 Struktur und Funktion des Qb-SNAREs Vti1p aus *S. cerevisiae*

Das Qb-SNARE Vti1p (***V**ps10 **t**ail **i**nteracting*) ist im 2-Hybrid-System ein Bindungspartner der cytoplasmatischen Domäne des CPY-Rezeptors Vps10p (Fischer von Mollard *et al.*, 1997), was durch die Anwendung andere Methoden nicht bestätigt werden konnte. Das *VTI1*-Gen ist essentiell für die Hefe und kodiert für ein Protein mit einer Länge von 217 Aminosäuren und einem Molekulargewicht von 25 kDa. Es besteht aus einer N-terminalen Domäne, einer SNARE-Domäne und einer C-terminalen Transmembrandomäne. Im Menschen kommen zwei Homologe vor, Vti1a und Vti1b. Vti1p interagiert in mehreren SNARE-Komplexen und ist an zahlreichen Transportschritten des sekretorischen Vesikeltransports beteiligt (s. Abb.1-6). Der SNARE-Komplex aus Ykt6p, Pep12p, Vti1p und Syn8p ist verantwortlich für den Transport zum späten Endosom (Pelham et al., 2002). Für den Transport zur Vakuole wird ein SNARE-Komplex aus Ykt6p, Vam3p, Vti1p und Vam7p benötigt (Dilcher et al., 2001). An dem retrograden Transport zurück zum Trans-Golgi-Netzwerk ist ein Komplex aus den SNAREs Snc1p oder Snc2p, Tlg2p, Vti1p und Tlg1p beteiligt (Holthuis et al., 1998). Eine Identifikation der unterschiedlichen Transportschritte, in denen Vti1p involviert ist, konnte durch die Charakterisierung verschiedener *vti1*-Mutanten, bei denen Defekte im intrazellulären Transport von CPY, ALP und API vorliegen, untersucht werden (Fischer von Mollard et al., 1999).

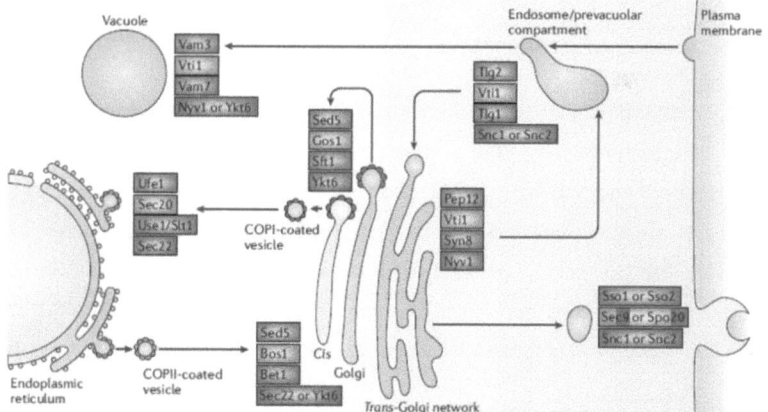

Abb.1-6 SNARE-Proteine und ihre Beteiligung an SNARE-Komplexen im intrazellulären Proteintransport in *S. cerevisiae*. Für jeden Transportschritt existiert ein individueller SNARE-Komplex. Einige SNAREs kommen in mehreren Transportschritten vor. Rot eingefärbt sind die Qa-SNAREs, hellgrün gefärbt sind die Qb-SNAREs, dunkelgrün sind die Qc-SNAREs und blau gefärbt sind die R-SNAREs (verändert nach Jahn et al., 2006).

Vti1p weist die typische Domänenstruktur eines Qb-SNARE-Proteins auf. Es besteht aus einer konservierten SNARE-Domäne, eine C-terminale Transmembrandomäne, die das Protein in der Membran verankert und besitzt drei luminale Aminosäuren. Diese Tatsache deutet auf einen post-translationellen Einbau in die Membran hin, wie sie bereits bei dem R-SNARE Nyv1p (Steel et al., 2002) und dem Qc-SNARE Sed5p (Schuldiner et al., 2008) nachgewiesen wurde. Vti1p zeigt eine hohe Stabilität. Nach einem Temperaturschock bei 37°C für 5 h, lassen sich bis zu 85 % von radioaktiv markiertem Vti1p nachweisen (Dissertation Chidambaram, 2005). Der N-Terminus des humanen Vti1p-Homologs Vti1b zeigt in der Kristallstruktur im Komplex mit EpsinR ein antiparalleles α-helicales Drei-Helix-Bündel (Miller et al., 2007). Ein Sequenzvergleich zwischen den Aminosäuren des N-Terminus von Vti1p mit seinen Säugerhomologen Vti1a und Vti1b zeigt einige konservierte Bereiche (s. Abb.1-7).

Abb.1-7 Homologien des N-Terminus von murinen Vti1a und Vti1b mit Vti1p aus S. cerevisiae. Konservierte Aminosäuren sind grün hinterlegt. Die Helices des N-Terminus sind als Ha, Hb und Hc bezeichnet. Aminosäuren, die mit EpsinR interagieren, sind durch ein schwarzes Dreieck markiert (nach Miller et al., 2007).

EpsinR bindet an den N-Terminus des Säuger-SNAREs Vti1b, als auch an AP-1 (Adapterprotein-1 bei Clathrin-umhüllten Vesikeln), Clathrin und Phosphatidylinositol. Die Bindung an Phosphatidylinositol wird über die sog. ENTH (*epsin N-terminal homology*)-Domäne vermittelt. EpsinR spielt eine Rolle bei der Sortierung von Vti1b in zu knospenden Vesikeln und als Cargo-Adapter. Ein *knock-down* von EpsinR verhindert die Verpackung von Vti1b in Clathrin-umhüllte Vesikel und ändert damit die intrazelluläre Verteilung von Vti1b (Hirst et al., 2004).

Ein bekannter Interaktionspartner der N-terminalen Domäne des Hefe-SNAREs Vti1p ist das EpsinR-Homolog Ent3p (Chidambaram et al., 2004). Es fungiert als Adapterprotein für Vti1p und interagiert mit anderen Adapterproteinen wie AP-1 und Gga2p, sowie mit Clathrin. Es ist u. a. verantwortlich für die Bildung von Clathrin-umhüllten Vesikeln beim Transport zwischen dem TGN und den

Endosomen. Darüber hinaus besitzt Ent3p eine Sortierungsfunktion für den vesikulären Transport von Vti1p (Chidambaram et al., 2008). Eine Interaktion des N-Terminus von Vti1p mit seiner SNARE-Domäne wurde nicht beobachtet (Antonin et al., 2002).

Im Rahmen dieser Arbeit soll mit Hilfe der TAP-Aufreinigung nach weiteren Interaktionspartnern des N-Terminus gesucht werden.

1.4 Proteinaufreinigung mit der TAP (*tandem affinity purification*)-Methode

Die TAP (*tandem affinity purification*)-Methode stellt eine effiziente Methode zur schnellen Aufreinigung von Proteinkomplexen über zwei Affinitätsmatrices unter nativen Bedingungen dar. Sie ermöglicht die Untersuchung von Protein-Protein-Interaktionen *in vivo* unter physiologischen Bedingungen. Hierzu wird zuerst das TAP-*tag* N- oder C-terminal an das aufzureinigende Zielprotein fusioniert. Das C-terminale TAP-*tag* besteht aus zwei IgG-bindenden Domänen des *Staphylococcus aureus* Protein A (ProtA), einer TEV (*tobacco etch virus*)-Protease Spaltsequenz und einer Calmodulin-bindenden Domäne (CBP) (s. Abb.1-8). Beim N-terminalen TAP-*tag* sind diese Module in umgekehrter Reihenfolge angeordnet, weil die ProtA-Domäne direkt am N- bzw. C-Terminus des Fusionsproteins lokalisiert sein muss, um eine effiziente Reinigung über eine IgG-Matrix zu ermöglichen. Zusätzlich trägt das N-terminale *tag* noch eine Spaltstelle für die Enterokinase (EK), um eine vollständige Entfernung des *tags* vom Zielprotein zu garantieren (Puig et al., 2001).

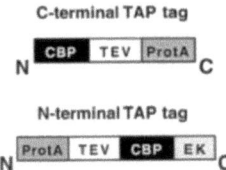

Abb.1-8 Schema des C- und N-terminalen TAP-*tags*. Beim N-terminalen *tag* sind alle Module in umgekehrter Reihenfolge zum C-terminalen *tag* angeordnet. Zusätzlich weist das N-terminale TAP-*tag* eine Enterokinase-Spaltstelle (EK) auf (nach Puig *et al.*, 2001).

Über eine Polymerase-Kettenreaktion (PCR) oder eine Klonierung durch Restriktionsendonukleasen kann das Zielprotein mit dem TAP-*tag* fusioniert und in einen Expressionsvektor eingebracht werden.

Zur Aufreinigung mittels der TAP-Methode wird eine Zellkultur, die das getaggte Fusionsprotein produziert, aufgeschlossen, der Zellextrakt mit der IgG-Sepharose-Matrix inkubiert und auf die erste Affinitätssäule gegeben. Zur Elution des gebundenen Proteinkomplexes wird eine proteolytische Spaltung mit der TEV-Protease durchgeführt. Anschließend folgt die Inkubation des Eluats des ersten Reinigungsschritts mit der Calmodulin-haltigen Matrix der zweiten Affinitätssäule. Die gereinigten Proteinkomplexe werden mit Elutionspuffer von der Calmodulin-Matrix eluiert und stehen für weitere Analysen zur Verfügung. Das Schema der TAP-Methode ist in Abb.1-9 gezeigt.

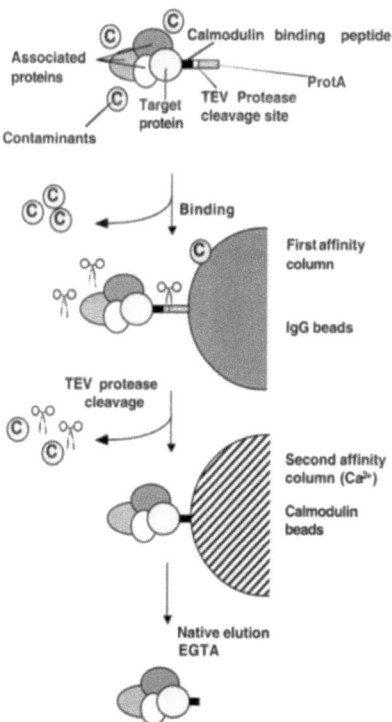

Abb.1-9 Prinzipieller Ablauf der Proteinreinigung mittels der TAP-Methode. Das TAP-Fusionsprotein aus einem Zellextrakt wird im ersten Schritt mit einer IgG-Sepharose-Matrix inkubiert. Es folgt eine Abspaltung von der ersten Säule durch Inkubation mit der TEV-Protease. Der Proteinkomplex in dem Eluat wird an die Calmodulin-Matrix gebunden und im letzten Schritt durch Zugabe von EGTA-haltigem Elutionspuffer von der zweiten Säule gelöst (nach Puig et al., 2001).

Zur Identifikation der potentiellen Interaktionspartner des Zielproteins können die gereinigten Komplexe mithilfe der MALDI-TOF (*Matrix Associated Laser Desorption/Ionisation - Time Of Flight*) Massenspektrometrie untersucht werden.

Ein Vorteil der TAP-Methode liegt in den hohen Ausbeuten an gereinigten Proteinkomplexen, die für funktionale und strukturelle Untersuchungen benötigt werden. Die schnelle Durchführung unter nativen Bedingungen ist ein weiterer Vorteil. Nachteile dieser Methode liegen bei der Anreicherung von artifiziellen Interaktionspartner (z.B. Hitzeschockproteine und Chaperone), wenn durch Austausch des nativen Promotors eine Überexpression des Zielproteins vorliegt, sowie in einer verringerten Exposition des TAP-*tags* des Zielproteins, die eine effektive Bindung an die Säulenmatrices beeinträchtigt (Puig *et al.*, 2001).

1.5 Struktur und Funktion des Retinalproteins Channelrhodopsin-2 aus *Chlamydomonas reinhardtii*

Phototaktische Reaktionen der einzelligen Grünalge *Chlamydomonas reinhardtii* werden durch mikrobielle Rhodopsine als Photorezeptoren initiiert. Retinalproteine (Rhodopsine) erfüllen vielfältige Funktionen. In der Tierwelt sind sie als primäre Lichtrezeptoren am Sehvorgang beteiligt und gehören zur Klasse der G-Protein-gekoppelten Rezeptoren (GPRC). Archaebakterien nutzen mithilfe des Bakteriorhodopsins die Lichtenergie, um über der Zellmembran einen Ionengradienten zu erzeugen, der von der F_1F_0-ATP-Synthase zur Herstellung von ATP genutzt wird. Die Rhodopsine bestehen aus einer Proteindomäne, dem Opsin, das aus sieben Transmembranhelices besteht. Das Chromophor Retinal ist an ein Lysin in der siebten Helix kovalent über eine Schiff'sche Base gebunden. Mikrobielle Rhodopsine sind Ionenpumpen, die Lichtenergie in einem vektoriellen Transport in einen elektrochemischen Gradienten über der Zellmembran umwandeln (Nagel *et al.*, 2006).

Die Grünalge *C. reinhardtii* verfügt über ein lichtsensitives Organ (*eye spot*) in dem fünf verschiedene Photorezeptoren der Rhodopsin-Familie enthalten sind, die für die Lichtabsorption und die anschließende Weiterleitung des elektrischen Signals verantwortlich sind (s. Abb.1-10). Sie dienen dabei als Photorezeptor und beeinflussen das phototaktische Verhalten der Alge. Eine Aktivierung des Photorezeptors verursacht einen massiven Ca^{2+}-Einstrom über spannungsgesteuerte Kanäle in die Flagellen, was eine Richtungsänderung der Schwimmbewegung hervorruft (Kateriya *et al.*, 2004).

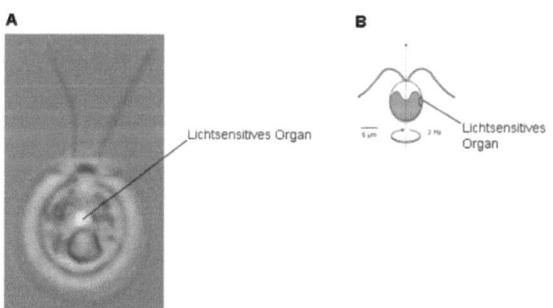

Abb.1-10 Chlamydomonas Zelle. Abbildung A zeigt eine lichtmikroskopische Aufnahme (verändert nach www.btinternet.com/~stephen.durr/chlamydomonas.jpg). Abbildung B zeigt eine schematische Darstellung einer *Chlamydomonas* Zelle (verändert nach Kateriya et al., 2004).

Aus dem lichtsensitiven Organ der Grünalge konnten zwei Retinal-bindende Proteine isoliert werden, Channelrhodopsin-1 und Channelrhodopsin-2. Beide Rhodopsine enthalten all-*trans* Retinal als Chromophor und sind lichtsensitive Ionenkanäle (Nagel et al., 2005).

Das Channelrhodopsin-1 (ChR1, Channelopsin-1(Chop1), Genbank® *accession number* AF385748) besteht aus 712 Aminosäuren und hat ein Molekulargewicht von 76,4 kDa. Das Protein verfügt über eine Transmembrandomäne mit sieben α-Helices als charakteristisches Strukturmotiv für ein Kanalprotein. Das Retinal wird in ChR1 über die Aminosäure K296 in der siebten Transmembranhelix gebunden. Die Hauptfunktion des ChR1 ist der lichtinduzierte, passive Transport von Protonen durch die Plasmamembran. Ermöglicht wird dieser Transport durch einen H^+-Gradienten und die lichtabhängige Isomerisierung des all-*trans* Retinals zum *cis*-Retinal mit einer daraus resultierenden Öffnung des Ionenkanals. Der dabei erzeugte Photostrom wird mit einer Zeitverzögerung von 30 µs nach Lichteinfall ausgelöst (Nagel et al., 2002). Das Channelrhodopsin-1 wird mit Licht einer Wellenlänge von 500 nm angeregt und ist hochselektiv für Protonen. ChR1 ist verantwortlich für die photophobe Bewegung von einer starken Lichtquelle weg (Kateriya et al., 2004).

1 Einleitung

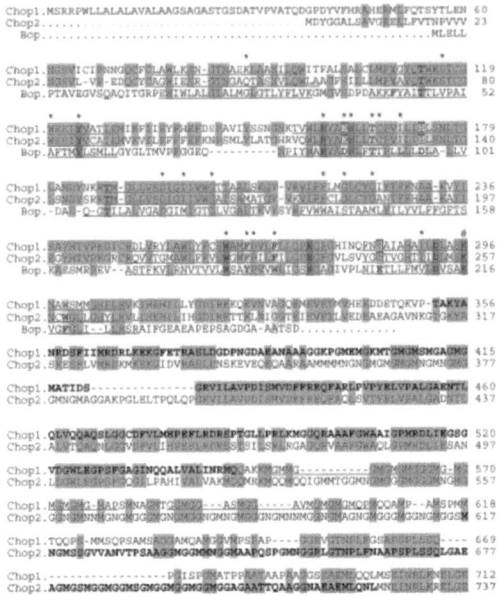

Abb.1-11 Vergleich der Aminosäuresequenz von Channelopsin-1 (Chop1) mit Channelopsin-2 (Chop2) und Bakteriorhodopsin (Bop). Aminosäuren, die mit dem Retinal interagieren, sind mit einem * markiert. Konservierte Aminosäuren, die in allen Opsinen vorkommen, sind grün unterlegt. Funktionell homologe Aminosäuren der Opsin-Sequenzen sind gelb dargestellt. Blau unterlegt sind alle weiteren Sequenzähnlichkeiten. Reste, die Teil des Protonen-Leitungsnetzwerks sind, sind fett und in rot dargestellt. Unterstrichene Bereiche kennzeichnen Aminosäuren, die Teil der Transmembranhelices sind (Nagel et al., 2003).

Channelrhodopsin-2 (ChR2, Channelopsin-2 (Chop2), Genbank® *accession number* AF461397) verfügt mit 737 Aminosäuren über ein Molekulargewicht von 77,2 kDa und ist ein Membranprotein mit sieben transmembranständigen α-Helices, die charakteristisch für ein Kanalprotein sind (s. Abb.1-12).

Ein Sequenzvergleich zwischen Channelrhodopsin-1 (Chop1), Channelrhodopsin-2 (Chop2) und Bakteriorhodopsin (Bop) zeigt eine Homologie von ca. 15 bis 20% zwischen Bop und den beiden Channelopsinen, gezeigt in Abb.1-11.

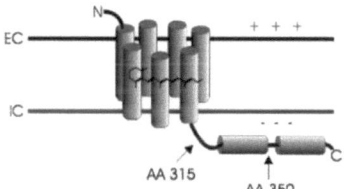

Abb.1-12 Struktur des Channelrhodopsins-2. Das Protein enthält sieben transmembranständige α-Helices in denen der Cofaktor all-*trans* Retinal über die Aminosäure K257 kovalent gebunden ist. Am C-Terminus befinden sich eine Rab-ähnliche Domäne (AS 320 - 350), sowie eine G-reiche Domäne (AS 350 - 737) (Nagel *et al.*, 2003).

Die beiden C-terminalen Domänen werden für den lichtinduzierten Ionentransport nicht benötigt, deshalb wurde für die spätere Transformation in *Pichia pastoris* eine C-terminal trunkierte Version (AS 1-315) des ChR2 eingesetzt.

Es gehört zu der Familie der mikrobiellen Rhodopsine, die in phototaktischen Mikroorganismen verantwortlich für die Lichsensitivität sind und ist homolog zu ChR1. Das Retinal ist hier über die Aminosäure K257 in der siebten Helix ebenfalls über eine Schiff'schen Base kovalent an das Protein gebunden. ChR2 transportiert neben Protonen und monovalente Ionen wie Na^+, K^+ auch bivalente Kationen wie z.B. Ca^{2+}, aber kein Mg^{2+} (Nagel *et al.*, 2003). Wie beim ChR1 wird dieser Transport durch die lichtabhängige Isomerisierung des all-*trans* Retinals zum *cis*-Retinal ermöglicht, die in einer Öffnung des Ionenkanals resultiert. Der erzeugte Photostrom wird mit einer Zeitverzögerung von 200 µs nach Lichteinfall ausgelöst (Nagel *et al.*, 2002).

Channelrhodopsin-2 wird bei einer Wellenlänge von 480 nm aktiviert und ist für die phototaktischen Bewegungen der Grünalge verantwortlich. Der Photozyklus von ChR2 und seiner Intermediate ist in Abb. 1-13 dargestellt.

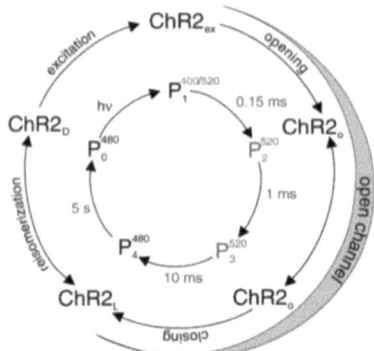

Abb.1-13 Vermuteter Photozyklus von Channelrhodopsin-2. Dargestellt sind die verschiedenen Zustände des ChR2 und die kinetischen Intermediate P_0 bis P_4. P^{400} und P^{520} sind die blau- und rot-verschobenen Photointermediate, wobei P^{480} den Grundzustand des ChR2 angibt. Mit ChR_L und $ChR2_D$ werden die hell- und dunkel-adaptierten Formen des Grundzustands bezeichnet, die durch die Isomerisierung des Chromophors ineinander überführt werden können. Nach Anregung durch ein Photon wird das Photointermediär-Produkt $ChR2_{ex}$ erzeugt, bevor der $ChR2_O$-Zustand erreicht wird, der in der Öffnung des Ionenkanals resultiert (Bamann et al., 2007).

Der Photozyklus des ChR2 ist abhängig vom Zustand seines Chromophors und beginnt mit der Aktivierung durch Bestrahlung mit Licht einer Wellenlänge von 480 nm. Dabei liefert die Aminosäure H134 ein Proton für die Protonierung der Schiff'schen Base am all-*trans* Retinal. Auf der extrazellulären Protonenakzeptor-Seite beteiligt sich die Aminosäure E123 an der Stabilisierung des Gegenions der protonierten Schiff'schen Base. Diese Protonierung beeinflusst die Kanaleigenschaften auf zwei Arten: die Schließung des Kanals verläuft mit abnehmender Protonenkonzentration auf der cytosolischen Seite schneller und die Rückführung des Grundzustands des ChR2 ist schneller bei zunehmender Protonenkonzentration auf der extrazellulären Seite. Eine Rückführung vom inaktivierten Zustand in den Grundzustand ist abhängig vom extrazellulären pH-Wert. Es wird vermutet, dass die Protonierung von einer oder mehreren Aminosäuren des extrazellulären Teils des Proteins verantwortlich für die Rückführung in den Grundzustand ist. Ein Austausch der Aminosäure E123 gegen ein Q resultiert in einem vollständigen Verlust des Photostroms. Die Aminosäure E123 scheint einen Einfluss auf die Desensibilisierung des ChR2 zu haben (Nagel et al., 2003).

Durch die Absorption von Licht isomerisiert das all-*trans* Retinal zum 13-*cis* Retinal und es kommt zu einem angeregten Zustand des ChR2. Es folgt die Relaxation zu einem frühen, rot-verschobenen Intermediat P^{520} für die effektive Quantenausbeute. Die Schiff'sche Base des ChR2 ist hier reprotoniert und eine Öffnung des Ionenkanals erfolgt mit der Bildung des P_2-Zustands. Solange das angeregte Zwischenprodukt P^{520} besteht, bleibt der Kanal geöffnet. Nach der Rückführung des P^{520}-Intermediats zum P^{480}-Zustand reisomerisiert das 13-*cis* Retinal zum all-*trans* Retinal, wodurch der Ionenkanal wieder geschlossen wird. Die Wiederherstellung des Grundzustands von ChR2 führt zur Bildung zweier Retinal-Konfomere, die eine licht-adaptierte ($ChR2_L$) und eine dunkel-adaptierte Form ($ChR2_D$) von Channelrhodopsin-2 erzeugen (Bamann *et al.*, 2007).

Mit der Entdeckung von ChR1 und ChR2 als induzierbare Ionenkanäle eröffnen sich neue Möglichkeiten zur nicht-invasiven Auslösung von spannungs- bzw. Ca^{2+}-sensitiv gesteuerten Prozessen an einzelnen Zellen oder in transgenen Organismen. Zur Induktion dieser Prozesse reicht eine einfache Bestrahlung der Organismen mit Licht aus (Nagel *et al.*, 2006).

1.6 Die methylotrophe Hefe *Pichia pastoris* als heterologes Expressionssystem

Hefen haben als Wirtsorganismen zur Überexpression von rekombinanten Proteinen wesentliche Vorteile: ihre Kultivierung ist in der Regel einfach und sie stellen im Vergleich zu Zellen höherer Organismen geringere Ansprüche an das Medium und die Kultivierungsbedingungen. Ein weiterer Vorteil ist das Vorhandensein eines eukaryotischen Proteinbiosynthese-Apparates, der die korrekten post-translationalen Modifikationen von Proteinen höherer Organismen durchführt. Die methylotrophe Hefe *Pichia pastoris* bietet darüber hinaus weitere Vorzüge als Expressionssytem. Sie verfügt über den extrem starken, Methanol-abhängigen *AOX1*-Promotor. Dieser steuert die Expression der Alkoholoxidase 1 (*AOX1*, EC 1.1.3.13), dem ersten Enzym in der Methanol-Verwertungskette. Die Alkoholoxidase katalysiert in den Peroxisomen die Oxidation von Methanol zu Formaldehyd. Das Flavinadenindinukleotid (FAD) dient dabei als Cofaktor, das anfallende Wasserstoffperoxid wird durch eine Katalase in Wasser und Sauerstoff umgewandelt. Das als Zwischenprodukt entstehende Formaldehyd wird über die Bindung an Glutathion abgefangen (Cereghino et al., 2000).

Die Expressionsrate der *AOX1* in *Pichia* hat einen Anteil von 30 % am gesamten löslichen Proteingehalt bei Wachstum auf Methanol als einziger Kohlenstoffquelle (Couderc et al., 1980). Neben der Alkoholoxidase 1 existiert als Homolog die Alkoholoxidase 2, die aufgrund eines schwächeren Promotors einen verlangsamten Methanol-Stoffwechsel aufweist (Macauley-Patrick et al., 2005). Beim kommerziell erhältlichen *Pichia*-Expressionssystems von Invitrogen werden integrative Vektoren eingesetzt. Die Klonierungen und Amplifikationen der Plasmide werden dabei in *Escherichia coli* durchgeführt. Als Selektionsmarker fungiert das Gen der Histidinol-Dehydrogenase (*HIS4*), das im verwendeten Stamm SMD1163 mutiert ist, so dass eine Histidin-Auxotrophie entsteht, die durch die Integration des Vektors komplementiert wird. Das kan^r-Gen vermittelt in *P. pastoris* eine Resistenz gegen das Antibiotikum Geneticin (G418) und dient im pPIC9(K)-Vektor als Selektionsmarker auf die Integration mehrerer Expressionskassetten. Es existieren Ausführungen dieser Vektoren mit und ohne Sekretionssignal, dieses ist vorwiegend der α-Paarungsfaktor aus *S. cerevisiae*. In Tabelle 1-1 ist ein Überblick der kommerziell erhältlichen Expressionsvektoren für *P. pastoris* dargestellt.

Tab.1-1 Übersicht über die kommerziell erhältlichen *Pichia*-Expressionsvektoren.

Vektor	Selektionsmarker	Promotor	Anmerkungen
pPIC3(K)	*his4*	AOX1	intrazelluläre Expression. K: *Multi-copy*-Selektion über G418-Resistenz möglich.
pPIC9(K)	*his4*	AOX1	enthält α-Faktor Sekretionssignal aus S. cerevisiae. K: *Multi-copy*-Selektion über G418-Resistenz möglich.
pPICZ(α)	*ble^r*	AOX1	kleiner als die pPIC3/pPIC9-Vektoren. Mit und ohne α-Faktor Sekretionssignal. Direkte Selektion und *Multi-copy*-Selektion über Zeocin-Resistenz.
pGAPZ(α)	*ble^r*	GAP	Konstitutive Expression. Kleiner als die pPIC3/pPIC9-Vektoren. Mit und ohne α-Faktor Sekretionssignal. Direkte Selektion und *Multi-copy*-Selektion über Zeocin-Resistenz.

Kommerziell erhältliche *P. pastoris*-Wirtsstämme sind u. a. GS115 (Standard-Wirtsstamm, *his4*-Genotyp) und SMD1163 bzw. SMD1168 (Protease-defiziente Wirtsstämme, *his4*- und *pep4*-Genotyp, durch die Deletion von *pep4* wurden Proteasen ausgeschaltet, die von *pep4* aktiviert werden).

Mit dem *Pichia*-Expressionssystem konnten in den letzten Jahren mehr als 800 Proteine exprimiert werden. Die Ausbeuten können dabei im Grammbereich (bezogen auf 1 Liter Kulturvolumen) liegen. Für die meisten Proteine werden Expressionsraten im Bereich von 50 mg/L erreicht (Pflanz *et al.*, 1999). Im Hinblick auf die Struktur und Funktion unterscheiden sich die in *Pichia* überexprimierten Proteine durch eine einfachere Glykosylierung (überwiegend Mannose).

Bei einigen Proteinen können *Pichia*-eigene Proteasen eine Degradation des Produktes hervorrufen. Dieses Problem wird durch die Verwendung des Protease-defizienten Stamm SMD1163 vermieden (Weiß *et al.*, 1995).

Das *Pichia*-Expressionssytem ist somit, aufgrund der Produktionsrate und der Modifikation rekombinanter Proteine, ein einfaches und effizientes System zur Erzeugung großer Proteinmengen bei geringen Kulturvolumina.

2 Ziele dieser Arbeit

Der bisher uncharakterisierte N-Terminus des Qb-SNAREs Vti1p interagiert mit der ENTH-Domäne des Proteins Ent3p (Chidambaram *et al.*, 2004). ENTH-haltige Proteine werden zur Bildung von Clathrin-beschichteten Vesikeln benötigt. Das Ziel dieser Dissertation war die Identifikation weiterer Interaktionspartner des N-Terminus von Vti1p.

Projekt 1: Mithilfe der TAP-Methode (*tandem affinity purification*), einer Affinitätschromatographie über zwei Säulen, sollten Interaktionspartner des N-Terminus von Vti1p isoliert und durch eine MALDI-TOF Massenspektrometrie identifiziert werden. Eine Überprüfung der Wechselwirkung zwischen Interaktionspartner und N-Terminus erfolgte über Yeast-2-Hybrid-Assays und TAP-Aufreinigungen, gefolgt von Western Blots.

Projekt 2: Um den Einfluss des N-Terminus auf die Lokalisierung des Vti1p innerhalb der Hefezelle zu untersuchen, wurden N-terminal trunkierte Vti1p-Varianten mit verschiedenen Methoden mikroskopiert.

Projekt 3: In diesem Kooperationsprojekt mit der Physikalischen Chemie III sollte das licht-induzierte Ionenkanal-Protein Channelrhodopsin-2 in den methylotrophen Hefestamm *Pichia pastoris* exprimiert und die Produktion optimiert werden, um eine hohe Proteinausbeute für eine anschließende oberflächenverstärkte Infrarot-Differenz-Absorptionsspektroskopie (SEIDAS) zu erzielen.

3 Material und Methoden

3.1 Material

3.1.1 Geräte

Autoklav	Webeco	Bad Schwartau
Biofuge 13	Hereaus Instruments	Osterode
BioPhotometer	Eppendorf	Hamburg
DPU-414 Thermal Printer	Seiko	Torrance, USA
Eismaschine B-100	Ziegra	Isernhagen
Eisschrank -20°C	Liebherr Premium	Ochsenhagen
Elektroporator 2510	Eppendorf	Hamburg
Elektrophorese-Kammern	Mechanische Werkstatt	Universität Bielefeld
Fluoreszenzlampe X-cite 120PC	Exfo	Quebec City, Kanada
French Pressure Cell Press	SLM Aminco	Schwäbisch-Gmünd
Gefriertruhe -80°C	Hereaus Instruments	Osterode
Geldokumentationssystem	Peqlab	Erlangen
Kühlschrank 4°C	Privileg	Fürth
LAS-Kamera LAS 3000	Fujifilm	Düsseldorf
Magnetrührer	Heidolph	Nürnberg
Mikroskop DM5000 B	Leica	Solms
Mikrowelle Wavedom	LG	Seoul, Korea
Nanodrop Spektrophotometer	peqlab	Erlangen
Peltier Thermal Cycler	MJ Research Inc.	Watertown, USA
pH-Meter Seven Multi	Mettler Toledo	Giessen
Pipetman 10, 20, 200, 1000 µL	Gilson	Middleton, USA
Powerpack Adaptor P25	Biometra	Göttingen
Rotations-Vakuum-Konzentrator RVC2-18	Christ	Osterode
Schüttelinkubator	New Brunswick Scientific	Edison, USA
Steril-Werkbank HVR 2448	Holten Lamin Air	Allerød, Dänemark
Thermomixer 5436	Eppendorf	Hamburg
Thermoprinter P93	Mitsubishi	Ratingen
Ultraschallbad	Branson Sonifier	Schwäbisch-Gmünd

Ultrazentrifuge Optima	Beckman	Krefeld
Ultrazentrifuge Ultra-Pro 80	DuPont	Bad Nauheim
Vortex Genie II	Scientific Industries	New York, USA
Waagen	Satorius	Göttingen
Wasseraufbereitungsanlage Synergy UV	Millipore	Billerica, USA
Wasserbad Paratherm U4	Julabo	Seelbach/Lahr
Westernblot Kammer	Mechanische Werkstatt	Universität Bielefeld
Zentrifuge 5415C	Eppendorf	Hamburg
Zentrifuge 5417R	Eppendorf	Hamburg
Zentrifuge RC-5B	DuPont	Bad Nauheim

3.1.1 Verbrauchsmaterialien

Deckgläser	Menzel-Glaser	Braunschweig
Einweg-Kanülen	Braun	Melsungen
Einweg-Spritzen 10 mL	Braun	Melsungen
Elektroporationsküvetten	Eppendorf	Hamburg
Entsorgungsbeutel	Roth	Karlsruhe
Glasgefäße	Schott	Mainz
Glaspipetten	Hirschmann EM	Eberstadt
Kryoröhrchen	Nunc	Wiesbaden
Objektträger	Marienfeld	Lauda-Königshofen
Parafilm® „M"	Pechiney	Chicago, USA
Pipettenspitzen	Sarstedt	Nümbrecht
Plastikgefäße 15, 50 mL	Sarstedt	Nümbrecht
Protran® Nitrozellulosemembran	Schleicher und Schüll	Dassel
Säulen 2,5 mL, 6 mL	MoBiTec	Göttingen
Whatman Papier GB002	Schleicher und Schüll	Dassel
ZipTip™ Pipettenspitzen	Millipore	Billerica, USA

3.1.1 Chemikalien

Alle verwendeten Chemikalien wurden bis auf folgende Ausnahmen von den Firmen Merck (Darmstadt), Roth (Karlsruhe) und Sigma (Meckenheim) mit dem Reinheitsgrad *pro analysis* bezogen.

Aminosäuren	Biomol,	Hamburg
	Serva,	Heidelberg
	Sigma,	Meckenheim
Bacto-Agar	DIFCO	Detroit, USA
Bacto-Pepton	DIFCO	Detroit, USA
Bacto-Trypton	DIFCO	Detroit, USA
BSA (*Bovine Serum Albumin Fraction V*)	Serva	Heidelberg
Calmodulin *Affinity* Harz	Stratagene	Cedar Creek, USA
dNTPs	Amersham	Braunschweig
DTT		
FM4-64 *Molecular Probes*™	Invitrogen	Karlsruhe
Hefe-Extrakt	DIFCO	Detroit, USA
Kaninchen-IgG-Agarose	Sigma	Meckenheim
Magermilchpulver	Lasana	Herford
Yeast-Nitrogen-Base	Formedium	Hunstanton, England

3.1.2 Proteaseinhibitoren

Leupeptin	Biomol, Hamburg
Pepstatin A	Biomol, Hamburg
Phenylmethylsulfonylchlorid (PMSF)	Serva, Heidelberg

100 µL 100x Proteaseinhibitor-Mix	
Volumen [µL]	Reagenz
50	100 mM PMSF (17,4 mg/ml in Ethanol)
10	Pepstatin (1 mg/ml in H_2O)
39	Methanol p.a.
1	Leupeptin (10 mg/ml in H_2O)

3.1.3 Antikörper

Antikörper	Immunisierte Spezies	Verdünnung für Western Blot	Verdünnung für Fluoreszenz-Mikroskopie	Quelle
Vti1p	Kaninchen	1:3000	1:50	FvM
HA	Maus	1:1000	1:10	FvM
HIS	Maus	1:3000		GE
RGS-HIS	Maus	1:4000		Qiagen
CY2	Maus		1:400	Dianova
CY3	Esel		1:400	Dianova
CPY	Maus	1:100		Stevens
Ent3p	Kaninchen	1:500		FvM
anti-Maus-HRP	Ziege	1:10000		Sigma
anti-Kaninchen-HRP	Ziege	1:10000		Sigma

3.1.4 Enzyme, Nukleotide und Größenstandards

1 kb DNA-Ladder	GibcoBRL	Eggenstein
Accuprime™ Taq-Polymerase (2,5 U/µL)	Invitrogen	Karlsbad
AcTEV™ Protease (10 U/µL)	Invitrogen	Karlsbad
$Phusion$-Polymerase (2 U/µL)	New England Biolabs	Frankfurt a.M.
Pfu-Polymerase (3 U/µL)	Promega	Mannheim
$Prestained$ Protein Standard	Fermentas	St. Leon-Rot
Restriktionsendonukleasen	New England Biolabs	Frankfurt a.M.
Taq-DNA-Polymerase (5 U/µL)	Bioline	Luckenwalde
T4-Kinase (10 U/µL)	New England Biolabs	Frankfurt a.M.
T4-Ligase (1 Weiss U/µL)	Fermentas	St. Leon-Rot
Trypsin Gold,MS $grade$ (15 U/µg)	Promega	Madison, USA
Zymolyase®-20T (20 kU/µg)	Seikagaku	Tokio, Japan

3.1.5 Kommerzielle Kit-Systeme

Bradford Reagenz	Roth, Karlsruhe
QIAEXII® Agarose Gel Extraction Kit	Qiagen, Hilden
QIAprep Spin® Miniprep Kit	Qiagen, Hilden
SuperSignal® West Pico Chemilumineszenzsubstrat	Pierce, Rockford
Wizard® SV Gel and PCR Clean-Up System	Promega, Mannheim

3.1.6 Hefestämme

Stamm	Genotyp	Quelle
BY4741	MATa, his3Δ1, leu2Δ0, lys2Δ0, met15Δ0, ura3Δ0	Euroscarf
CWY2	MATa, leu2-3,112, ura3-52, his3-Δ200, ade2-101, trp1-Δ901, suc2-Δ9 Mel- ent3Δ::LEU2 ent5Δ::URA3	Christiane Wiegand
FvMY6 pFvM16	MATα, ura3-52, trp1-Δ901, lys2-801, suc2-Δ9 mel- Δvti1::HIS3	G. Fischer von Mollard
FvMY5 pFvM28	MATα, ura3-52 trp1-Δ901, lys2-801, suc2-Δ9 mel- Δvti1::HIS3 Δpho8::LEU2	G. Fischer von Mollard
FvMY6 pBK117	MATα, ura3-52, trp1-Δ901, lys2-801, suc2-Δ9 mel- Δvti1::HIS3 vti1 Q116-217, wächst auf SD-Leu	G. Fischer von Mollard
FvMY6 pBK119	MATα, ura3-52, trp1-Δ901, lys2-801, suc2-Δ9 mel- Δvti1::HIS3 vti1 M55-217, wächst auf SD-Leu	G. Fischer von Mollard
FvMY6 pBK120	MATα, ura3-52, trp1-Δ901, lys2-801, suc2-Δ9 mel- Δvti1::HIS3 vti1 Q29R W79, wächst auf SD-Trp	G. Fischer von Mollard
FvMY6 pBK123	MATα, leu2-3, ura3-52, trp1-Δ901, ade2-101, lys2-801, suc2-Δ9 mel- Δvti1::HIS3 vti1 Q29R	G. Fischer von Mollard
FvMY6 pBK128	MATα, leu2-3, ura3-52, trp1-Δ901, ade2-101, lys2-801, suc2-Δ9 mel- Δvti1::HIS3 vti1 W79	G. Fischer von Mollard
FvMY6 pFvM29	MATα, ura3-52, trp1-Δ901, lys2-801, suc2-Δ9 mel- Δvti1::HIS3	G. Fischer von Mollard
L40	MATa, his3-200, trp1-Δ901, leu2-3,112 ade2, URA3::(lexAop)8-lacZ, GAL4 gal80, Y2H-Stamm für pLexN	N. Brose
MAY1	MATα, ura3-52, trp1-Δ901, lys2-801, suc2-Δ9 mel- pBK117 + pGFP-C-Fus	diese Arbeit
MAY2	MATα, ura3-52, trp1-Δ901, lys2-801, suc2-Δ9 mel- pBK119 + pGFP-C-Fus	diese Arbeit

MAY3	MATα, ura3-52, trp1-Δ901, lys2-801, suc2-Δ9 mel-vti1p(Q116-217) in pUG36(eGFP-N-terminal)	diese Arbeit
MAY4	MATα, ura3-52, trp1-Δ901, lys2-801, suc2-Δ9 mel-vti1p(M55-217) in pUG35 (eGFP-C-terminal)	diese Arbeit
MAY5	MATa leu2-3,112, ura3-52, his3-Δ200, ade2-101, trp1-Δ901, suc2-Δ9 mel- Vti1p mit C-terminalem TAP-tag	diese Arbeit
MAY6	MATa leu2-3,112, ura3-52, his3-Δ200, ade2-101, trp1-Δ901, suc2-Δ9 mel- TAP-tag in pYX242	diese Arbeit
MAY7	ChR2-RGS-6HIS Sal1 PEG-Trafo in SMD1163	diese Arbeit
MAY8	ChR2-RGS-6HIS Sal4 PEG-Trafo in SMD1163	diese Arbeit
MAY9	ChR2-RGS-6HIS Sal6 PEG-Trafo in SMD1163	diese Arbeit
MAY10	MATα, his3Δ1. leu2Δ0, lys2Δ0, ura3Δ0, YCL058c::kanMX4 ΔYCL058c	Euroscarf
MAY11	MATα, leu2-3,112 ura3-52 trp1 -Δ901 ade2-101 lys2-801 suc2-Δ9 mel- vti1p(Q116) in pUG35 ::URA3	diese Arbeit
MAY12	MATα, leu2-3,112 ura3-52 trp1 -Δ901 ade2-101 lys2-801 suc2-Δ9 mel- vti1p(M55) in pUG35::URA3	diese Arbeit
MAY13	MATα, leu2-3,112 ura3-52 trp1 -Δ901 ade2-101 lys2-801 suc2-Δ9 mel- vti1p(wt) in pUG35::URA3	diese Arbeit
MAY14	MATa,his3 200 trp1-901 leu2-3,112 ade2, URA3::(lexAop)8-lacZ GAL4 gal80 YCL058w-pVP16 + syn8D::LEU/TRP	diese Arbeit
MAY15	MATa,his3 200 trp1-901 leu2-3,112 ade2, URA3::(lexAop)8-lacZ GAL4 gal80 YCL058w-pVP16 + pep12D::LEU/TRP	diese Arbeit
MAY16	MATa,his3 200 trp1-901 leu2-3,112 ade2, URA3::(lexAop)8-lacZ GAL4 gal80 YCL058w-pVP16 + pLexN::LEU/TRP	diese Arbeit
MAY17	MATa,his3 200 trp1-901 leu2-3,112 ade2, URA3::(lexAop)8-lacZ GAL4 gal80 IRC19-pVP16 + pLexN::LEU/TRP	diese Arbeit
MAY18	MATa,his3 200 trp1-901 leu2-3,112 ade2, URA3::(lexAop)8-lacZ GAL4 gal80 YCL058w-pVP16 + Laminin::TRP	diese Arbeit
MAY19	MATa,his3 200 trp1-901 leu2-3,112 ade2, URA3::(lexAop)8-lacZ GAL4 gal80 IRC19-HA in SSY4 vti1p-N-TAP::LEU/TRP	diese Arbeit
MAY20	MATa,his3 200 trp1-901 leu2-3,112 ade2, URA3::(lexAop)8-lacZ GAL4 gal80 IRC19-pVP16::LEU/TRP	diese Arbeit
MAY21	MATa,his3 200 trp1-901 leu2-3,112 ade2, URA3::(lexAop)8-lacZ GAL4 gal80	diese Arbeit

	IRC19-pVP16-3::LEU/TRP	
MAY22	MATa,his3 200 trp1-901 leu2-3,112 ade2, URA3::(lexAop)8-lacZ GAL4 gal80 IRC19-pVP16-3 + pep12D::LEU/TRP	diese Arbeit
MAY23	MATa,his3 200 trp1-901 leu2-3,112 ade2, URA3::(lexAop)8-lacZ GAL4 gal80 IRC19-pVP16-3 + Laminin::TRP	diese Arbeit
MAY24	MATa,his3 200 trp1-901 leu2-3,112 ade2, URA3::(lexAop)8-lacZ GAL4 gal80 YCL058w-pVP16-3::LEU/TRP	diese Arbeit
MAY25	MATα, leu2-3,112 ura3-52 trp1 -Δ901 ade2-101 lys2-801 suc2-Δ9 mel- vti1p(Q116) in pUG36 ::URA3	diese Arbeit
MAY26	MATα, leu2-3,112 ura3-52 trp1 -Δ901 ade2-101 lys2-801 suc2-Δ9 mel- vti1p(M55) in pUG36 ::URA3	diese Arbeit
MAY27	MATα, leu2-3,112 ura3-52 trp1 -Δ901 ade2-101 lys2-801 suc2-Δ9 mel- vti1p(wt) in pUG36 ::URA3	diese Arbeit
MAY28	MATa,his3 200 trp1-901 leu2-3,112 ade2, URA3::(lexAop)8-lacZ GAL4 gal80 YCL058-HA in SSY4 vti1p-N-TAP::LEU/TRP	diese Arbeit
SCY13	MATa, leu2-3,112, ura3-52, his3-Δ200, ade2-101, trp1-Δ901, suc2-Δ9 mel- ent3Δ::LEU2	S. Chidambaram
SCY14	MATa, leu2-3,112, ura3-52, his3-Δ200, ade2-101, trp1-Δ901, suc2-Δ9 mel- vti1-Q29R W79R:: in SEY6211	S. Chidambaram
SCY16	MATα, ura3-52, trp1-Δ901, lys2-801, suc2-Δ9 mel- Y6pSC15	S. Chidambaram
SCY17	MATα, ura3-52, trp1-Δ901, lys2-801, suc2-Δ9 mel- Y6pBK167	S. Chidambaram
SCY21	MATa leu2-3,112, ura3-52, his3-Δ200, ade2-101, trp1-Δ901, suc2-Δ9 mel- ubc7Δ::LEU SCY14	S. Chidambaram
SCY22	MATa leu2-3,112, ura3-52, his3-Δ200, ade2-101, trp1-Δ901, suc2-Δ9 mel- cue1Δ::LEU SCY14	S. Chidambaram
SEY6210	MATα, leu2-3,112, ura3-52, his3-Δ200, trp1-Δ901, lys2-801, suc2-Δ9 mel-	S. Emr
SMD1163	his4, pep4, prb1, Protease-defizient	Invitrogen
SSY4	MATa leu2-3,112, ura3-52, his3-Δ200, ade2-101, trp1-Δ901, suc2-Δ9 mel-, Δpep4	S. Schulz
ΔYCL058c	MATα, his3Δ1, leu2Δ0, lys2Δ0, ura3Δ0, YCL058c::kanMX4	Euroscarf

| Δycl058c | |

3.1.7 Bakterienstämme und Plasmide

3.1.7.1 Bakterienstämme

Stamm	Genotyp	Quelle
XL1-Blue	rec1, endA1, gyrA96, thi-1, hsdR17, supE44, relA1, lac[F', proAB, lacI^qZΔM15, Tn10(Tet^r)]^c	Stratagene, Heidelberg
DH5-α	supE44, thi-1, recA1, relA1, hsdR17(rK⁻mK⁺), ΔlacU169 (Φ80 lacZΔM15), endA1, gyrA(Nal^r)	GibcoBRL, Eggenstein

3.1.7.2 Plasmide

Plasmid	Beschreibung	Quelle
chop2_pGEM	AmpR, Channelrhodopsin-2 (AS 1-315) in pGem via BamHI/HindIII	MPI FaM
chop2_pPIC9k	AmpR, HIS4, Channelrhodopsin-2 (AS 1-305) in pIC9K via BamHI/NotI	diese Arbeit
pBK117	AmpR, LEU2, vti1 Q116-217 unter Kontrolle des 789 Promoter (CEN) via EcoRI/BamHI in pYX141	B. Köhler
pBK119	AmpR, LEU2, vti1 M55-217 unter Kontrolle des 789 Promoter (CEN) via EcoRI/BamHI in pYX141	B. Köhler
pBK167	AmpR, LEU2, vti1 M55-217 mit 3x-HA bei AS106 in pXY141	B. Köhler
pBS1479	AmpR, TRP1, C-terminales TAP tag zur genomischen Integration	B. Seraphin
pBS1479 + pRS316	AmpR, URA3, PCR amplifizierte TAP-Kassette aus pBS1479 in HindIII/BamHI pRS316	S. Chidambaram
pCP14	AmpR, LEU2, YCL058-w(113aa) aus pGEMTeasy in pYX142 via NcoI/SalI	C. Prange
pCP15	AmpR, PCR amplifiziertes YCL058w (132 AS) mit YCLLf/YCL58vPr-Primern in pGEMTeasy kloniert	C. Prange
pCP16	AmpR, PCR amplifiziertes YCL058w-3HA (132 AS) mit YCLLf/HArSal-Primern, kloniert in pGEMTeasy	C. Prange
pCP17	AmpR, LEU2, YCL058w-3HA (132 AS) aus pGEMTeasy in pYX242 via EcoRI/SalI	C. Prange
pCP18	AmpR, LEU2, YCL058w (132 AS) aus pGEMTeasy in pYX142	C. Prange

pCP19	via *BamHI/SalI* *AmpR*, PCR amplifiziertes FYV5 mit FYV5r/f Primern, kloniert in pGEMTeasy	C. Prange
pCP20	*AmpR*, *URA3*, YCL058w-3HA (132 AS) aus pGEMTeasy in pYX112 via *EcoRI/SalI*	C. Prange
pCP21	*AmpR*, *LEU2*, FYV5 aus pGEMTeasy in pYX142 via *BamHI/SalI*	C. Prange
pCP23	*AmpR*, PCR-amplifiziertes Vps1p in pGEMTeasy	C. Prange
pCP24	*AmpR*, *LEU2*, pCP23 über *EcoRI/BglII* in pVP16-3	C. Prange
pFA6a-3HA-TRP1	*AmpR*, *TRP1*, PCR amplifiziertes C-terminales 3xHA-*tag*, benutzte Oligos F2 + R1	M. Longtine
pFvM28	*AmpR*, *TRP1*, *XhoI/XbaI* restringiertes pFvM23 + *XbaI/SacI* restringiertes pFvM26 in *XhoI/SacI* restringierten pRS314	G. Fischer von Mollard
pGEMT-easy	*AmpR*, Klonierungsvektor für AT-Ligation	Promega
pGFP-C-FUS	*AmpR*, *URA3*, C-terminaler GFP Vektor, MET25 Promoter	
pMA1	*AmpR*, *EcoRI/BamHI* restringiertes Vti1p-Fragment (AS 1-115) aus pFvM28 in pGEM-Teasy	diese Arbeit
pMA2	*AmpR*, *LEU2*, *BamHI/HindIII* restringiertes TAP aus pBS1479 und *EcoRI/BamHI* restringiertes Vti1p aus pMA1 in pYX242	diese Arbeit
pMA3	*AmpR*, *URA3*, *EcoRI/HindIII* restringiertes Vti1p(119)N-terminale Mutante aus pBK119 modifiziert mit C-term. GFP	diese Arbeit
pMA4	*AmpR*, *HIS4*, Dsred-FYVE in pRS316 via *KpnI/SacI*	diese Arbeit
pMA5	*AmpR*, vti1p(wt) in pGEM-Teasy	diese Arbeit
pMA6	*AmpR*, *URA3* Vti1p-N-Terminus (AS 55-217) kloniert in pGFP-Vektor via *EcoRI/HindIII*	diese Arbeit
pMA7	*AmpR*, *URA3*, Vti1p(wt) kloniert in eGFP-Vektor pUG36 via *EcoRI/HindIII*	diese Arbeit
pMA8	*AmpR*, *URA3*, Vti1p-N-Terminus (AS 55-217) aus pGFP-Vektor kloniert in eGFP-Vektor (N-terminal) pUG36 via *EcoRI/HindIII*	diese Arbeit
pMA9	*AmpR*, *URA3*, Vti1p-N-terminus (AS 116-217) kloniert eGFP-Vektor (C-terminal) pUG35 via *EcoRI/HindIII*	diese Arbeit
pMA10	*AmpR*, *URA3*, Vti1p-N-terminus (AS 55-217) kloniert in eGFP-Vektor (C-terminal) pUG35 via *EcoRI/HindIII*	diese Arbeit
pMA11	*AmpR*, *URA3*, Vti1p-N-terminus (AS 116-217) kloniert in eGFP-Vektor (N-terminal) pUG36 via *EcoRI/HindIII*	diese Arbeit
pMA12	*AmpR*, *URA3*, Vti1p wt (aus pGEM-Teasy) kloniert in eGFP-Vektor (C-terminal) pUG35 via *EcoRI/HindIII*	diese Arbeit
pMA13	*AmpR*, *URA3*, vti1p(wt) PCR-Produkt von vti-ATG-RI + vtiQ116pGFP kloniert in eGFP-Vektor (N-terminal) pUG36 via *EcoRI/HindIII*	diese Arbeit

pMA14	AmpR, chop2 aus chop2_pGEM kloniert in pGEMT-easy	diese Arbeit
pMA15	AmpR, IRC19 orf kloniert in pGEMTeasy via *EcoRI/BamHI*	diese Arbeit
pMA16	AmpR, YCL058-WA orf kloniert in pGEMTeasy via *EcoRI/BamHI*	diese Arbeit
pMA17	AmpR, LEU2, IRC19 orf aus pMA15 umkloniert in pVP16-3 via *EcoRI/BamHI*	diese Arbeit
pMA18	AmpR, LEU2, YCL058-WA orf aus pMA16 umkloniert in pVP16 -3 via *EcoRI/BamHI*	diese Arbeit
pMA19	AmpR, PCR amplifiziertes YJL082w mit *SalI/BglII* in pGemTeasy, Klon Nr.2	diese Arbeit
pMA20	AmpR, PCR amplifiziertes YJL082w mit *SalI/BglII* in pGemTeasy, Klon Nr.8	diese Arbeit
pMA21	AmpR, PCR amplifiziertes YOL045w mit *BamHI/SalI* in pGemTeasy, Klon Nr.5	diese Arbeit
pMA22	AmpR, LEU2, YJL082w Klon Nr.2 aus pMA19 kloniert via *SalI/BglII* in pVP16-3	diese Arbeit
pMA23	AmpR, chop2_mut(D156E)P2 in pGEMTeasy	diese Arbeit
pMA24	AmpR, chop2_mut(S245E)P4 in pGEMTeasy	diese Arbeit
pMA25	AmpR, YOL045w kloniert via *BamHI/SalI* in pGEMTeasy	diese Arbeit
pMA26	AmpR, HIS4, chop2_mut2 aus pMA23 kloniert in pPIC9K via *EcoRI/NotI*	diese Arbeit
pMA27	AmpR, HIS4, chop2_mut4 from pMA24 kloniert in pPIC9K via *EcoRI/NotI*	diese Arbeit
pMA28	AmpR, chop2_mut3(E235D) in pGEMTeasy	diese Arbeit
pMA29	AmpR, LEU2, YOL045w kloniert via *BamHI/SalI* in pVP16-3	diese Arbeit
pMA30	AmpR, chop2_mut1(E123D) in pGEMTeasy	diese Arbeit
pMA31	AmpR, HIS4, chop2_mut1(E123D) via *EcoRI/NotI* in pPIC9K	diese Arbeit
pMA35	AmpR, HIS4, chop2-RGS-6His aus pMA14 via *EcoRI/NotI* in pPIC9K	diese Arbeit
pPIC9K	AmpR, HIS4, Expressionsvektor für P.pastoris	MPI FaM
pRS303	AmpR, integrierendes Plasmid w/HIS3 (Hieter series)	GFS Collection
pRS316	AmpR, URA3, pBLUESCRIPT, URA3, CEN6, ARSH4	GFS Collection
pSC1	AmpR, URA3, PCR amplifizierte TAP-Kassette aus pBS1479 in *HindIII/BamHI* restringiertes pRS316	S. Chidambaram
pSC2	AmpR, LEU2, C-Terminus von Ent3 (AS 158-408 end, PCR) überexprimiert unter TPI Promotor 2µ in pXYX242 via *BamHI/HindIII*	S. Chidambaram
pSC15	AmpR, LEU2, pBK117 mit 3X HA in pYX141 durch *BamHI* und *EcoRI*	S. Chidambaram
pSC25	AmpR, URA3, PCR amplifiziertes pBK117 kloniert in pGFP (C-	S.

	terminal) via *EcoRI* und *HindIII*	Chidambaram
pTPQ127	AmpR, *LEU2*, Dsred-FYVE	
pTPQ128	AmpR, *LEU2*, Dsred-Sec7	
pUG35 C-FUS	AmpR, *URA3*, C-terminales enhanced GFP, MET25-Promotor	Hegemann
pUG36 N-FUS	AmpR, *URA3*, N-terminales enhanced GFP, MET25-Promotor	Hegemann
pVP16-3	AmpR, *LEU2*, VP16 Aktivierungsdomäne, 2-hybrid prey	S. Hollenberg
pYX112	AmpR, *URA3*, CEN mit TPI promoter	HD Schmitt
pYX142	AmpR, *LEU2*, CEN mit TPI promoter	HD Schmitt
pYX242	AmpR, *LEU2*, 2 µ mit TPI promoter (Überexpression) mit LEU2	R&D

3.1.8 Oligonukleotide

Name	Sequenz	Verwendungszweck	T_m [°C]
NVti-ATG RI	GGAATTCATGAGTTCCCTATTAATATC	Amplifikation von Vti1p	52
vti-TAP	CGGGATCCGTCATCGTCAATATTAGATG	Fusion des TAP-*tag* an Vti1p	58
vti-ATG-TAP	CGGGATCCCATAGTAAGCCATGCAGC	Fusion des TAP-*tag* an Vti1p	52
Vti-end	CGGGATCCTTATTTAAACTTTGAGAAC	Amplifikation von Vti1p	74
Irc19 VPf	GCGGATCCTAATGCGTAAGCCTTCTATTACGA	Klonierung in pVP16-3	62
Irc19 VPr	GCGAATTCTTATAACCTTGTACCTAATGTCTC	Klonierung in pVP16-3	64
YCL58 VPf	GCGGATCCTAATGGGCAAGTGTAGCATGAAAAAG	Klonierung in pVP16-3	70
YCL58 VPr	GCGAATTCTATAAGGAAAAGCCGGATATC	Klonierung in pVP16-3	62
Irc19-F2	GATACAACATTGATATATCTCAATGAGACATTAGGTACAAGGTTACGGATCCCCGGGTTAATTAA	C-terminales HA-*tag*	60
Irc19-R1	CATACTAAAAAGCTCCGCTCCGCTCCTCTTTTACGATAATGATCTGAATTCGAGCTCGTTTAAAC	C-terminales HA-*tag*	56
YCL58-F2	GACAGCATGCTGAAGCAGATCGAAATGATATCCGGCTTTTCCTTACGGATCCCCGGGTTAATTA	C-terminales HA-*tag*	60
YCL58-R1	TTCCGCTCTATATGTATATATTTACGTAACTTTCACCACTATTCCGAATTCGAGCTCGTTTAAAC	C-terminales HA-*tag*	56
HAr	ACTGAGCAGCGTAATCTGGAAC	Überprüfung HA-*tag*	66
JL82 VPf	CGTCGACAGATGTTTAGAGTATTTGGTTCATTTG	Klonierung in pVP16-3	70
JL82 VPr	CAGATCTTTAAGCAAGCGCGTTTTCAACTCT	Klonierung in pVP16-3	68
OL45 VPf	CGGATCCCAATGACATACCCGGTTAGTGC	Klonierung in pVP16-3	66

OL45 VPr	CGTCGACCTAGATTTTAAGCCATTTATCTTCAT AT	Klonierung in pVP16-3	70
JL82 1069f	GTTTTATTACGACGGTCCTTTCC	Sequenzierung von Iml2p	66
JL82 1111r	CTTTTGTTTAAAGCCCTCGTCC	Sequenzierung von Iml2p	66
OL45 1323r	GTGAATTTCATTTGCAAATTTTACC	Sequenzierung von Psk2p	64
OL45 1285f	TGGAAAACTTTGACAAGAAAAAGC	Sequenzierung von Psk2p	60
OL45 1950f	CGAATGCTGTATTATTATGGATTAC	Sequenzierung von Psk2p	66
YCLL f	CGGATCCAATGTGCAAGCCTGCTATAATAAG	Expression von verlängertem Fyv5p	64
HAr Sal	CGTCGACTCAGCACTGAGCAGCGTAATC	C-terminales HA-*tag* an Fyv5p	64
FYV5 f	CGGATCCTATGCAGTACCATTCCGCTCTA	Expression von Fyv5p in pYX142	64
FYV5 r	CGTCGACTCAGATGTGCAAGCCTGCTATAA	Expression von Fyv5p in pYX142	66
FYV5 -250	CCACGATCCTCGACACTAAGTG	Ersetzen der Fyv5p-Deletion in Δycl058c	68
FYV5 +260r	GTCATAAAACTGGACTCTTCAGC	Ersetzen der Fyv5p-Deletion in Δycl058c	66
Vps1 VPr	CAGATCTAAACAGAGGAGACGATTTGAC	Klonierung in pVP16-3	66
Vps1 VPf	CGAATTCTCATGGATGAGCATTTAATTTCTAC	Klonierung in pVP16-3	66
vps1 1070f	CAAAACGAACTTATAAACTTGGG	Sequenzierung von Vps1p	62
vps1 1120r	GGCATATTCATTGGAAAAATCAG	Sequenzierung von Vps1p	62
Vti-M55	GGAATTCATGGATGTAGAAGTTAATAAC	Amplifikation von Vti1p bis M55	54
Vti-Q116	GGAATTCATGCAAAGGCAACAGTTGTTGAG	Amplifikation von Vti1p bis Q116	63
Vti1Q116 GFP	CCCCAAGCTTTTTAAACTTTGAGAACAAAACT AG	C-terminales GFP-*tag* an Vti1p(Q116)	62
ChR f	GGAATTCGATTATGGAGGCGCCCTGAG	N-terminales 6xHis-*tag*	64
ChR r	TGCGGCCGCTTAGTGATGGTGATGGTGATGA GAACCTCTGCCAGCCTCGGCCT	N-terminales 6xHis-*tag*	70
5AOX1	GCGACTGGTTCCAATTGACAAGC	Überprüfung 6xHis-*tag*	70

E123D f	TTGGCTTCTCACCTGCCCGG	Klonierung von ChR2 (E123D)	64
E123D r	TCGGCGTAACGCAACCACTG	Klonierung von ChR2 (E123D)	64
D156E f	ATTGGCACAATTGTGTGGGGC	Klonierung von ChR2 (D156E)	64
D156E r	CTCAGACACAAGCAGACCCATG	Klonierung von ChR2 (D156E)	64
E235D f	TGGCTTCGGCGTCCTGAGCG	Klonierung von ChR2 (E235D)	66
E235D r	TCGGGGCCGAGGATGAACAG	Klonierung von ChR2 (E235D)	66
S245E f	AACCGTCGGCCACACCATCAT	Klonierung von ChR2 (S245E)	64
S245E r	TCGCCGTACACGCTCAGGACG	Klonierung von ChR2 (S245E)	64
sp6m	CGCCAAGCTATTTAGGTGACAC	Sequenzierung	59
T7	GTAATACGACTCACTATAGGGC	Sequenzierung	54

3.1.9 Medien für *S. cerevisiae*, *P. pastoris* und *E. coli* Zellen

3.1.9.1 Synthetisches Minimalmedium (SD) für *S. cerevisiae*

Für 1 L Medium wurden 6,7 g *Yeast Nitrogen Base* m/o Aminosäuren in 860 mL destilliertem H_2O gelöst und im Autoklav sterilisiert. Nach dem Abkühlen wurden 40 mL 50%ige Glukose-Lösung (Endkonzentration 2%) und 100 mL 10x Aminosäuren-Mix hinzugefügt.

Zusammensetzung des 10x Aminosäuren-Mix

Aminosäure	Konzentration [g/L]
Adenin	0,20
L-Tyrosin	0,30
L-Phenylalanin	0,50
L-Arginin	0,20
L-Lysin	0,60
L-Threonin	2,00
Uracil	0,20
L-Leucin	1,20

L-Tryptophan	0,20
L-Histidin	0,20

3.1.9.2 YEPD-Medium für *S. cerevisiae*

Um 1 L Medium herzustellen, wurden 20 g Pepton und 10 g Hefe-Extrakt in 960 mL ddH$_2$O gelöst und autoklaviert. Anschließend wurden 40 mL 50%ige Glukose-Lösung (Endkonzentration 2%) hinzugefügt. Für YEPD-Platten wurden 1,5% Agar zugefügt und das Medium in Ø 10 cm Petrischalen verteilt.

3.1.9.3 RDB-His-Agarplatten für *P. pastoris*

Zur Herstellung von 1 L *Regeneration Dextrose* Medium wurden 186 g Sorbitol und 20 g Agar in 700 mL Wasser gelöst und für 20 min autoklaviert. Nach dem Abkühlen wurden folgende Lösungen hinzugefügt:

Volumen [mL]	Lösung
100	10xD (20% Dextrose)
100	10xYNB (13,4% *Yeast Nitrogen Base* mit Ammoniumsulfat u. ohne Aminosäuren)
2	500xB (0,02% Biotin)
10	100x AA (0,5% von jeder unter 3.1.11.1 aufgeführten Aminosäure, außer Histidin)
88	steriles Wasser

Nach dem Mischen wurde die Lösung schnell auf Ø 10 cm Petrischalen verteilt.

3.1.9.4 BMGY- und BMMY-Medium für *P. pastoris*

Für die Herstellung von 1 L *Buffered Minimal Glycerol-* bzw. *Buffered Minimal Methanol*-Medium wurden 10 g Hefeextrakt und 20 g Pepton in 700 mL Wasser gelöst und für 20 min autoklaviert und anschließend auf Raumtemperatur abgekühlt. Nach dem Abkühlen wurden folgende Reagenzien zugegeben:

Volumen [mL]	Reagenz
100	1 M K$_3$PO$_4$-Puffer (pH 6,0)
100	10xYNB (13,4% *Yeast Nitrogen Base* mit Ammoniumsulfat u. ohne Aminosäuren)

2	500xB (0,02% Biotin)
100	10x GY (10% Glycerin)

Anstelle der 100 ml 10x GY wurden für das BMMY-Medium 100 mL 10x M (5% Methanol) eingesetzt.

3.1.9.5 Luria Bertani-Medium für *E. coli*

Menge [g]	Reagenz
1	Glukose
5	Bacto-Hefe Extrakt
5	NaCl
10	Bacto-Trypton

Es wurde mit ddH$_2$O auf 1 L aufgefüllt und sterilisiert. Für LB-Agar Platten wurde 1,5% Agar zu dem Medium hinzugefügt. Die Mischung wurde autoklaviert und auf ca. 50°C abgekühlt. Nach Zugabe von 100 µg/mL Ampicillin wurde das Medium in Ø 10 cm Petrischalen verteilt.

3.1.10 Stammlösungen und Puffer

10x PBS [1 L]		
1,5 M	NaCl	87,70 g
160 mM	Na$_2$HPO$_4$	28,48 g
40 mM	NaH$_2$PO$_4$	5,52 g

Die Chemikalien wurden in ddH$_2$O gelöst und der pH-Wert mit NaOH auf 7,4 eingestellt.

50x TAE [1 L]		
2 M	Tris	242 g
0,1 mM	Na$_2$EDTA (Titriplex III)	37 g
5,70%	Essigsäure	57 mL

TE [100 mL]		
10 mM	Tris-HCl, pH 7,5	1 mL aus 1 M Stammlösung
50 mM	EDTA	200 µl aus 0,5 M Stammlösung

3 Material und Methoden

TEβ [10 mL]		
10 mM	Tris-HCl, pH 8,0	1 mL aus 1 M Stammlösung
50 mM	EDTA	200 µL aus 0,5 M Stammlösung
1 %	β-Mercaptoethanol	50 µL

Spheroblast-Puffer [10 mL]		
1,2 M	Sorbitol	6 mL aus 2 M Stammlösung
50 mM	K_3PO_4, pH 7,0	3,5 mL aus 1 M Stammlösung
1 mM	$MgCl_2$	100 µL aus 0,1 M Stammlösung

Puffer E [100 mL], pH 7,5		
20 mM	HEPES	0,48 g
150 mM	NaCl	0,88 g
10 %	Glycerin	11,5 mL aus 87 % Stammlösung

TEV-Puffer (10 mL), pH 7,5		
10 mM	HEPES	24,0 mg
150 mM	NaCl	88,0 mg
0,5 M	EDTA	10 µL aus 0,5 M Stammlösung
1 mM	DTT	10 µL aus 0,1 M Stammlösung
0,05 %	Tween 20	20 µL aus 25 % Stammlösung

Calmodulin Bindungspuffer [10 mL], pH 7,5		
10 mM	HEPES	1 mL aus 100 mM Stammlösung
150 mM	NaCl	88,0 mg
1 mM	Magnesiumacetat	100 µL aus 100 mM Stammlösung
1 mM	Imidazol	100 µL aus 100 mM Stammlösung
2 mM	$CaCl_2$	200 µL aus 100 mM Stammlösung
10 mM	β-Mercaptoethanol	1 mL aus 100 mM Stammlösung
10 %	Glycerin	1,1 mL aus 87 % Stammlösung
0,05 %	Tween 20	20 µL aus 25 % Stammlösung

Calmodulin Elutionspuffer [10 mL], pH 7,5		
10 mM	HEPES	1 mL aus 100 mM Stammlösung
150 mM	NaCl	88,0 mg

1 mM	Magnesiumacetat	100 µL aus 100 mM Stammlösung
1 mM	Imidazol	100 µL aus 100 mM Stammlösung
2 mM	EGTA	200 µL aus 100 mM Stammlösung
10 mM	β-Mercaptoethanol	1 mL aus 100 mM Stammlösung
10 %	Glycerin	1,1 mL aus 87 % Stammlösung
0,05 %	Tween 20	20 µL aus 25 % Stammlösung

Puffer A	
1,0 M	Sorbitol
10 mM	Bicine (pH 8,35)
3 % (v/v)	Ethylenglykol

Puffer B	
0,2 M	Bicine (pH 8,35)
40 % (w/v)	Polyethylenglykol 1000

Puffer C	
0,15 M	NaCl
10 mM	Bicine (pH 8,35)

3.1.11 Elektronische Datenverarbeitung

E-Capt 12.7	Bearbeitung und Anzeige der Bilder des Peqlab Geldokumentationssystems
Aida 4.06.117	Bearbeitung und Auswertung der LAS-Kamerabilder
Leica FW4000	Leica DM5000B Mikroskop-Software
Chromas Lite 2.01	Anzeige von Sequenzdaten
Adobe Photoshop 7.0	Bildbearbeitung
StarOffice 8.0	Textverarbeitung

BLAST (http://www.ncbi.nlm.nih.gov/BLAST/) zur Sequenzanalyse

PubMed (http://ncbi.nlm.nih.gov/entrez/) zur Literaturrecherche

ExPASy (http://au.expasy.org/) zur Proteinanalytik

Saccharomyces Genome Database (http://www.yeastgenome.org/)

3.2 Methoden

3.2.1 Molekularbiologische Methoden

3.2.1.1 Elektrokompetente *E. coli* Zellen

E. coli Zellen wurden für die DNA-Aufnahme während der Elektroporation kompetent gemacht. Dazu wurde eine 10 mL Übernachtkultur in 1 L LB-Medium gegeben und bei 37°C bis OD_{600} 0,3 bis 0,35 wachsen gelassen. Zur Weiterverarbeitung wurden die Zellen 15 bis 30 min auf Eis abgekühlt, bei 4°C abzentrifugiert, mit 1 L kaltem Wasser gewaschen und in 0,5 L kaltem Wasser resuspendiert. Nach zwei weiteren Zentrifugationsschritten wurden die Zellen in 20 mL und anschließend in 2 mL kaltem, sterilem 10%igen Glycerol resuspendiert. Es wurden Aliquots mit 40 µL und 80 µL Volumen bei -80°C eingefroren.

3.2.1.2 Elektroporation von *E. coli* Zellen

Um kompetente *E. coli* Zellen mit Plasmid-DNA zu transformieren, wurden diese auf Eis aufgetaut und mit 2 µL Plasmid-DNA versetzt. Die Zellsuspension wurde in eine vorgekühlte Elektroporationsküvette pipettiert und bei 1800 V elektroporiert. Es wurden anschließend 500 µL steriles SOC-Medium zugegeben, die Mischung in ein Eppendorfgefäß überführt und 30 min bei 37°C im Wasserbad inkubiert. Die transformierten Zellen wurden auf eine LB-Amp Agarplatte ausgestrichen und für ca. 16 h bei 37°C wachsen gelassen.

3.2.1.3 Plasmid-Isolierung aus *E. coli* Zellen

Für die Isolierung von Plasmiden in ausreichender Menge wurden sie in kompetente *E. coli* Zellen transformiert und in diesen amplifiziert. Zur Aufreinigung dieser Plasmide wurden 1,5 mL transformierter Zellen einer Übernachtkultur in Eppendorfgefäße gefüllt, zentrifugiert (1 min bei 13000 rpm) und der Überstand verworfen. Das Pellet wurde in 100 µL Lysozym-Lösung resuspendiert, mit 200 µL NaOH-SDS versetzt, gemischt und 5 min bei Raumtemperatur inkubiert. Es wurden 150 µL 3 M Natriumacetat (pH 5,2) hinzugegeben und nach weiteren 5 min Inkubation wurde die Mischung bei

13000 rpm für 10 min zentrifugiert. Der Überstand wurde in ein neues Eppendorfgefäß überführt und durch eine Phenol-Chloroform Extraktion folgendermaßen aufgereinigt:

Zum Überstand wurden 150 µL Phenol:Chloroform:Isoamylalkohol (25:24:1) hinzugefügt und 5 min bei 13000 rpm zentrifugiert. Anschließend wurde eine Fällung der Plasmide im Überstand durch Zugabe von 875 µL -20°C kaltem Ethanol (100 %) durchgeführt und für 10 min bei 13000 rpm bei 4°C pelletiert. Das Pellet wurde mit 500 µL 70 % Ethanol (-20°C) gewaschen und bei 37°C für 30 min getrocknet. Die aufgereinigten Plasmide wurden in 20 µL TE mit 100 µg/ mL RNase A (5 µL RNase (10 mg/mL) in 500 µL TE) gelöst und bei - 20°C gelagert.

Lysozym-Lösung	
50 mM	Glukose
10 mM	EDTA
25 mM	Tris-HCl, pH 8,0
in ddH$_2$O lösen, bei 4°C lagern	

NaOH-SDS	
0,2 M	NaOH
1 % (w/v)	SDS
frisch ansetzen	

RNase A-Lösung [10 mg/mL]	
10 mg	RNase A
1 mL	TE
bei 4°C lagern	

3.2.1.4 Konzentrationsbestimmung von DNA

Um die Konzentration von DNA zu bestimmen, wurden 2 µL Probe und 58 µL Wasser in einer Küvette gemischt und die Konzentration mit einem Photospektrometer bei 260 nm gemessen. Eine Absorption von 1 entspricht einer doppelsträngigen DNA-Konzentration von etwa 50 µg/mL. Das OD_{260}/OD_{280} Verhältnis sollte 1,8 bis 2,0 für die aufgereinigten Produkte betragen.

3.2.2 Klonierungstechniken

3.2.2.1 PCR (*Polymerase Chain Reaction*)

Die Protokolle zur Amplifizierung von DNA mithilfe der PCR variieren je nach verwendeter Polymerase und Ansatzvolumen.

Taq-Polymerase (Roche):

Reagenz	Volumen [µL]
H_2O	82,5
10x Puffer	10
dNTPs je 10 mM	1
3' Primer (100 pm/µL)	2,5
5' Primer (100 pm/µL)	2,5
DNA	1
Taq-Polymerase	1

		Programm
1.	94°C	2 min
2.	94°C	40 sec zur Denaturierung
3.	X°C	40 sec *Annealing*, Primer Tm (s. 3.1.10)
4.	72°C	40 sec *Extention*, je nach Fragmentlänge, 1 kb ~ 1 min
5.	72°C	3 min *final Extention*

Während einer Standard-PCR wurden die Schritte 2. bis 4. 30 bis 35 mal durchgeführt.

Accuprime™ Polymerase für lange Fragmente:

Reagenz	Volumen [µL]
H_2O	85,5
10x Puffer II (inkl. dNTPS)	10
3' Primer (100 pm/µL)	2,5
5' Primer (100 pm/µL)	2,5

		Programm
1.	94°C	2 min
2.	94°C	30 sec
3.	X°C	30 sec
4.	68°C	2 min, je nach Fragmentlänge

Reagenz	Volumen [µL]
DNA	1
Accuprime™-Polymerase	1

5.	68°C	3 min

Die Schritte 2. bis 4. wurden in 30 bis 35 Zyklen durchgeführt.

Colony-PCR zur Analyse von *E.coli*-Klonen:

Reagenz	Volumen [µL]
H$_2$O	21
10x Puffer	10
dNTPs je 10 mM	1
3' Primer (100 pm/µL)	2,5
5' Primer (100 pm/µL)	2,5
DNA	1
Taq-Polymerase (Peqlab)	1

	Programm	
1.	95°C	2 min
2.	95°C	30 sec
3.	X°C	30 sec
4.	72°C	2 min, je nach Fragmentlänge
5.	72°C	2 min

Die Schritte 2. bis 4. wurden in 30 bis 35 Zyklen durchgeführt.

Es wurde wenig Zellmaterial von den *E.coli* Kolonien mit einem Zahnstocher aufgenommen und auf einer LB-Amp Agarplatte verteilt. Der Zahnstocher wurde danach in den PCR-Mix getaucht, um restliches Zellmaterial in den Ansatz zu überführen.

3.2.2.2 Primer-Phosphorylierung

Für die gezielte Mutagenese über eine PCR müssen die eingesetzten Primer phosphoryliert werden. Die Phosphatgruppen an den Primern werden für die spätere Ligation benötigt. Zur Phosphorylierung wurde für jeden Primer folgender Ansatz pipettiert:

Reagenz	Volumen [µL]
Primer	1
10x Kinase-Puffer	1
10 mM ATP	1
T4-Kinase	1
H$_2$O	6

Dieser Ansatz wurde 30 min bei 37°C inkubiert.

3.2.2.3 Gezielte Mutagenese via PCR

Bei der gezielten Mutagenese über eine PCR haben die Primer am 5'-Ende einzufügende Mutationen und sind am 3'-Ende komplementär zum Templat, so dass das gesamte Plasmid amplifiziert werden kann. Nachdem die Primer phosphoryliert wurden, konnte folgender PCR-Ansatz pipettiert werden:

Reagenz	Volumen [µL]
H$_2$O	35
10x Puffer	5
dNTPs je 10 mM	5
3' Primer (100 pm/µL)	1,5
5' Primer (100 pm/µL)	1,5
DNA (10 ng)	1
Phusion-Polymerase (NEB)	1

Programm		
1.	98°C	30 s
2.	98°C	10 s
3.	77°C	30 s
4.	72°C	5 min
5.	72°C	5 min
	Maximal 20 Zyklen	

Nach der Amplifikation wurde das PCR-Produkt mit *DpnI* restringiert und anschließend wieder religiert. Hierzu wurde 1 µL *DpnI* direkt zum PCR-Produkt pipettiert, 1 h bei 37°C inkubiert und anschließend 30 min bei 80°C inkubiert, um die Endonuklease zu inaktivieren. Zur Religation wurde folgender Ligationsansatz pipettiert:

Volumen [µL]	Reagenz
12,5	*DpnI*-restringierter PCR-Ansatz
1,5	10x Ligase Puffer
1,0	T4-DNA-Ligase (400 U/µL)

Der Ansatz wurde über Nacht bei 16°C inkubiert und anschließend durch eine Elektroporation in *E.coli*-Zellen transformiert.

3.2.2.4 Ethanol-Präzipitation

Zur Aufreinigung von PCR-Produkten wurde eine Ethanol-Präzipitation durchgeführt. Hierzu wurden 100 µL PCR-Produkt mit 1/10 Volumen 3 M

Natriumacetat (pH 5,2) und 250 µL 100 % Ethanol (-20°C) versetzt, gevortext und 10 min auf Trockeneis gelagert. Die präzipitierte DNA wurde für 10 min bei 13000 rpm und 4°C abzentrifugiert, mit 250 µL 70 % Ethanol gewaschen, erneut abzentrifugiert (1 min bei 13000 rpm und 4°C) und das Pellet bei 37°C getrocknet. Die getrocknete DNA wurde in 30 µL TE resuspendiert.

3.2.2.5 DNA-Restriktion mit Restriktionsendonukleasen (RE)

Für die präparative und analytische Restriktion von DNA mittels Restriktionsendonukleasen wurde folgender Ansatz pipettiert:

präparativ	
Reagenz	Volumen [µL]
DNA	25
10x Puffer	10
10x BSA	10
pro Enzym	2
H$_2$O	53

analytisch	
Reagenz	Volumen [µL]
DNA	1
10x Puffer	1
10x BSA	1
pro Enzym	0,2
H$_2$O	6,6

Der Ansatz wurde über Nacht (PCR-Produkt) oder 2 h (Plasmid-DNA) bei 37°C im Wasserbad inkubiert. Die Enzyme des präparativen Ansatz wurden für 20 min bei 65°C inaktiviert. Die restringierte DNA wurde mit 20 µL 6x Ladepuffer gemischt und auf ein präparatives 1 %iges Agarosegel aufgetragen.

3.2.2.6 Agarose-Gelelektrophorese

Zur Auftrennung von DNA-Fragmenten gemäß ihrer Länge in einem elektrischen Feld, wurde eine Agarose-Gelelektrophorese durchgeführt. Um Fragmente mit einer Länge von 0,5 bis 10 kb aufzutrennen, wurde ein 1 %iges Agarosegel (Agarose in TAE gelöst und mit 5 µL Ethidiumbromid versetzt) hergestellt und mit DNA-Proben (versetzt mit 6x Ladepuffer) beladen. Entsprechend der Gelgröße wurden zwischen 60 und 100 V Spannung angelegt. Die Elektrophorese wurde beendet, sobald die 400 bp Markerbande das letzte Drittel des Geles erreicht hatte. Anschließend wurden die DNA-Banden unter einem UV-Transilluminator sichtbar gemacht.

6x Ladepuffer	
0,15 % (w/v)	Bromphenolblau (läuft bei 400 bp)
0,15 % (w/v)	Xylencyanol FF (läuft bei 4 kb)
40 % (v/v)	Saccharose in 1x TAE

3.2.2.7 Ligation

Um ein DNA-Fragment in einen linearisierten Plasmidvektor zu klonieren, wurde das Enzym T4-Ligase eingesetzt. Diese Ligase verknüpft das 3' Hydroxyl-Ende eines Nukleotids mit dem 5' Phosphat-Ende eines anderen Nukleotids. Die Verknüpfung kann an sogenannten klebrige Enden (*sticky ends*) erfolgen. Hierzu wurde die DNA mit Restriktionsendonukleasen geschnitten, die DNA-Fragmente mit überhängenden Enden erzeugen. Diese Enden der zu klonierenden DNA-Fragmente sind komplementär zu den Überhängen im linearisierten Plasmidvektor. Bei der Ligation mit sogenannten stumpfen Enden (*blunt ends*) sind beide Einzelstränge der DNA-Fragmente gleich lang. Zur Ligation eines *Inserts* in einen Vektor wurde folgender Ansatz pipettiert:

Volumen [µL]	Reagenz
1	linearisierte Vektor-DNA
10	*Insert*-DNA (1:10 Verhältnis Vektor:Insert)
1,5	10x Ligase Puffer
1,0	T4-DNA-Ligase (400 U/µL)

Der Ansatz wurde auf 15 µL mit ddH$_2$O aufgefüllt, über Nacht bei 16°C inkubiert und mittels Elektroporation in elektrokompetente *E.coli* Zellen transformiert.

3.2.2.8 Sequenzierung

Zur Überprüfung der Klonierung wurden die mittels des Qiagen QIAprep Spin® Miniprep Kits extrahierten Plasmide sequenziert. Die Sequenzierungen wurden bei der *Sequencing Core Facility* des CeBiTec (https://scf.cebitec.uni-bielefeld.de) in Auftrag gegeben.

3.2.2.9 Kryokultur von *S. cerevisiae* und *E. coli*

Die transformierten Bakterien wurden auf LB-Amp-Platten und die transformierten Hefezellen auf YEPD-Platten ausgestrichen und über Nacht bei 37°C (Bakterienkulturen) bzw. 30°C (Hefekulturen) inkubiert. Die Zellen wurden mittels Zahnstocher von der Agarplatte entnommen, in sterilem 7 %igen DMSO resuspendiert und bei -80°C eingefroren.

3.2.3 Hefegenetische Methoden

3.2.3.1 *Plate*-Transformation

Zum Einbringen von Plasmiden in Hefezellen wurde die *Plate*-Transformation angewendet. Dazu wurden so viele Hefezellen einer frisch bewachsenen YEPD-Platte entnommen und in 500 µL *PLATE*-Lösung resuspendiert, bis diese Lösung trübe wurde.

Zu der Suspension wurden 2 µL Plasmid-DNA zugegeben und 30 min bei 42°C inkubiert. Die Zellen wurden anschließend pelletiert, in 200 µL SOS-Medium resuspendiert und 30 min bei 30°C inkubiert. Die Zellsuspension wurde auf eine entsprechende Selektionsplatte ausgestrichen und auf das transformierte Plasmid bei 30°C selektioniert.

PLATE-Lösung	
40 g	PEG 4000
10 mL	1 M Lithium-Acetat
1 mL	Tris-HCl pH7,5
0,2 mL	0,5 M EDTA

steriles SOS-Medium	
500 µL	YEPD
500 µL	2 M Sorbitol
6,5 µL	1 M $CaCl_2$

3.2.3.2 Lithium-Acetat-Transformation

Um DNA genomisch in Hefezellen zu integrieren, wurde die Lithium-Acetat-Transformation als Methode gewählt. Es wurden 50 mL Hefekultur mit einer OD_{600} von etwa 0,5 bis 1,0 zentrifugiert, mit 25 mL sterilem Wasser und 12,5 mL LiSorb gewaschen und in 150 µL LiSorb resuspendiert. Die Zellen wurden mit 110 µL DNA-Mix (100 µL PCR-Produkt + 10 µL ssDNA) und 900 µL 40 % PEG4000 (pH 8,0) in LiAc/TE versetzt und für 30 min bei 30°C inkubiert.

Anschließend wurden die Zellen für 20 min bei 42°C hitzegeschockt, zentrifugiert und das Pellet in 300 µL sterilem SOS-Medium (500 µL YEPD, 500 µL 2M Sorbitol und 6,5 µL CaCl$_2$) aufgenommen. Die Zellsuspension wurde erneut für 30 min bei 30°C inkubiert und auf eine entsprechende Selektionsplatte ausgestrichen.

LiSorb-Lösung	
18,2 g	Sorbitol
1 mL	1 M Tris-HCl pH 8,0
10 mL	1 M Lithium-Acetat
200 µL	0,5 M EDTA

40% PEG4000 in LiAc/TE	
20 g	Polyethylenglykol MW 4000
5 mL	1 M Lithium-Acetat
0,5 mL	1 M Tris-HCl pH 8,0
100 µL	0,5 M EDTA

3.2.3.3 Chemisch-kompetente *P. pastoris*-Zellen

Von einer YEPD-Agarplatte wurde eine Einzelkolonie von *Pichia pastoris*-Zellen mit einem Zahnstocher gepickt und in 10 mL YEPD-Medium überführt. Diese Vorkultur wurde über Nacht bei 30°C inkubiert. Aus dieser Übernachtkultur wurde am nächsten Tag eine 100 mL YEPD-Hauptkultur mit einer OD$_{600}$ von 0,1 angeimpft und bei 30°C bis zu einer OD$_{600}$ von 0,5 bis 0,8 wachsen gelassen. Die Zellen der Hauptkultur wurden durch eine Zentrifugation bei 3000 x g und Raumtemperatur geerntet, mit 50 mL Puffer A gewaschen und in 4 mL Puffer A resuspendiert. Die Suspension wurde zu je 200 µL auf Eppendorfgefäße aufgeteilt. Die Zellen wurden mit 11 µL DMSO versetzt und anschließend schnell in flüssigem Stickstoff eingefroren. Die Aliquots wurden bei -80°C gelagert.

3.2.3.4 Transformationsmethoden für *Pichia pastoris* Hefezellen

3.2.3.4.1 Transformation durch Elektroporation

Zu 80 µL elektro-kompetenten Zellen wurden 20 µg mit *SacI* und *SalI* linearisierte DNA, gelöst in 10 µL TE-Puffer, gegeben. Diese Suspension wurde in eine eiskalte Elektroporationsküvette mit 0,2 cm Abstand zwischen den Elektroden überführt und für 5 min auf Eis inkubiert. Die Zellen wurden in einem Biorad *Gene Pulser* Elektroporator bei 1500 V und folgenden Einstellungen Widerstand R = 600 Ω, Kapazität C = 25 µF elektroporiert und unverzüglich mit 1 mL eiskaltem 1 M Sorbitol versetzt. Diese Mischung wurde in ein Eppendorfgefäß überführt, anschließend die Zellen pelletiert und in 1 mL SOS-Medium aufgenommen und für 2 h bei 30°C rekonstituiert. Die Zellen wurden auf RDB-His ausgestrichen und bei 30°C für 8 bis 10 Tage inkubiert.

3.2.3.4.2 Polyethylenglykol 1000-Transformation von *P. pastoris*

Zur Transformation von *P. pastoris*-Hefezellen wurde die PEG1000-Methode gewählt. Dazu wurden 50 µg Plasmid-DNA, die zuvor mit den Restriktionsenzymen *Sal*I und *Sac*I linearisiert wurden, mit 40 µg ssDNA gemischt und auf gefrorene SMD1163-Zellen gegeben. Die Zellen mit dem DNA-Mix wurden für 5 min bei 37°C inkubiert und währenddessen ein- bis zweimal vorsichtig geschüttelt. Es wurden 1,5 mL Puffer B hinzugefügt und gemischt. Die transformatierten Zellen wurden für 1 h bei 30°C im Wasserbad inkubiert. Danach erfolgte eine Zentrifugation bei 2000 x g für 10 min bei Raumtemperatur. Anschließend wurden die pelletierten Zellen in 1,5 mL Puffer C resuspendiert und erneut zentrifugiert. Das Zellpellet wurde in 200 µL SOS-Medium aufgenommen und 3 h bei 30°C inkbiert, um die Zellen zu rekonstituieren. Danach wurden sie auf eine RDB-His Agarplatte ausgestrichen. Die Agarplatte wurde für 8 bis 10 Tage bei 30°C inkubiert.

3.2.3.5 *In vivo Screening* nach multiplen Insertionen

Um nach Klonen mit Mehrfach-Insertionen des linearisierten Plasmids im Genom zu suchen, wurden die Kolonien von der RDB-His Agarplatte mit 1 bis 2 mL sterilem Wasser abgespült und gesammelt. Die Zellsuspension wurde dann auf YEPD-Agarplatten mit folgenden Geneticin-Konzentrationen ausgestrichen:

Geneticin G418-Konzentrationen [mg/ml]
0,25
0,5
0,75
1,0
1,5
2,0

3,0

Die YEPD+Geneticin-Agarplatten wurden bei 30°C für maximal 7 Tage inkubiert. Das Wachstum der Klone wurde täglich überprüft.

3.2.3.6 Isolierung von genomischer DNA aus Hefe

5 mL Hefekultur in YEPD wurden auf eine OD von 0,5 bis 1,0 angezogen. Die Zellen wurden pelletiert, in 2,5 mL resuspendiert, erneut pelletiert und in 200 µL 1 M Sorbitol/0,1 M EDTA (pH 8,0 1 M Sorbitol/0,1 M EDTA (pH 8,0) resuspendiert. Es wurden 50 µL Zymolyase (2 mg/mL) in 1 M Sorbitol/0,1 M EDTA (pH 8,0) gegeben und 20 min bei 37°C inkubiert. Die Zellen wurden zentrifugiert und in 500 µL TE resuspendiert. 20 µL Zellsuspension wurden mit 20 µL Proteinase K (1:9 in Proteinase K-Puffer verdünnt) gemischt und über Nacht bei 55°C inkubiert. Am nächsten Tag wurden der Mischung 5 µL MgCl$_2$ (1M) zugesetzt und die Proteinase K bei 95°C für 5 min inaktiviert. Der Ansatz wurde bei 13000 rpm für 10 min zentrifugiert. Die genomische DNA im Überstand wurde anschließend für PCRs eingesetzt.

Proteinase K-Puffer (pH 8,0)	
100 mM	Tris-HCl (pH 8,0)
200 mM	NaCl
5 mM	EDTA

3.2.3.7 Yeast-Two-Hybrid-Interaktionen

Um Proteininteraktionen *in vitro* zu untersuchen, wurden die Gene der Interaktionspartner in einen sogenannten *prey*-Vektor (pVP) kloniert, der das Protein als Fusionsprotein mit einer Transkriptionsaktivierungsdomäne eines Transkriptionsfaktors (*vp16*) exprimiert. In einen zweiten Vektor, dem sogenannten *bait*-Vektor pLexN, der die Transkriptionsfaktor-Bindedomäne enthält, wurde der potenzielle Interaktionspartner eingebracht. Bei Interaktion der Protein wurde die Transkriptionsaktivierungsdomäne in die Nähe des Transkriptionsstartkomplex gebracht und der Transkriptionsfaktor rekonstituiert.

Eine Transkription der Reportergene (*HIS3* und *lacZ*) kann nun erfolgen. Die Plasmide wurden über eine *Plate*-Transformation (s. 3.2.3.1) in die Hefezellen transformiert auf die entsprechenden Marker selektioniert (*LEU2*, *TRP1*). Die positiven Klone wurden auf 3-AT Agarplatten (ohne Tryptophan, Leucin und Histidin, mit 1 bis 3 mM 3-Amino-1,2,4-Triazol) bzw. auf THULL mit 10 bis 50 mM 3-AT (ohne Tryptophan, Histidin, Uracil, Lysin und Leucin) ausgestrichen. 3-Aminotriazol hemmt die Expression des *HIS3*-Gen und verhindert die Synthese von Histidin. Es können dadurch nur die Kolonien wachsen, die ein durch interagierende Fusionsproteine funktionierendes *Two-Hybrid* System enthalten.

3.2.4 Biochemische Methoden

3.2.4.1 Proteinextraktion aus Hefezellen

10 mL einer Hefekultur wurden über Nacht bis zu einer OD_{600} von 1,0 wachsen gelassen und 2 bis 5 OD_{600} abzentrifugiert. Das Pellet wurde mit 1 mL ddH_2O gewaschen und pro OD_{600} in 40 µL Thorner-Puffer (auf 70°C erhitzt, mit 5% Methanol und 1/100 einer 100x Proteaseinhibitorlösung) resuspendiert. Zu dieser Suspension wurde eine Mikrolöffelspatel *glasbeads* (ca. 50 µL) gegeben, der Ansatz gevortext und für 10 min bei 70°C inkubiert. Nach erneutem Vortexen wurden die Zellreste für 5 min bei 13000 rpm und 4°C abzentrifugiert und der Überstand eingefroren (bei -20°C) oder mit SDS-Probenpuffer versetzt und auf ein SDS-Gel aufgetragen.

Thorner-Puffer
8 M Harnstoff
5 % SDS
50 mM Tris-HCl (pH 6,8)

3.2.4.2 *Tandem-Affinity-Purification* (TAP) Methode

3 Liter SD-Leucin Medium wurden mit einer Vorkultur von SSY4 (Vti1p-N-TAP) angeimpft und bis zu einer OD_{600} von 1,0 wachsen gelassen. Die Zellen wurden durch eine Zentrifugation für 15 min bei 6500 rpm (DuPont Sorvall® GS-3 Rotor) und 4°C pelletiert. Die Pellets wurden vereinigt und mit 500 mL Puffer E gewaschen, erneut durch eine 15 minütige Zentrifugation bei 6500 rpm und 4°C

pelletiert. Das Zellpellet wurde in 25 mL Puffer E aufgenommen und mit 250 µL einer 100x Proteaseinhibitor-Lösung versetzt. Anschließend wurden die Zellen dreimal mit der French Press bei 11 MPa (1600 psi) aufgeschlossen. Das Lysat wurde in ein Ultrazentrifugenröhrchen überführt und für 35 min bei 35000 rpm (DuPont Sorvall® T-865 Rotor) zentrifugiert. Der Überstand wurde in ein 50 mL-Plastikgefäß überführt und mit 250 µL einer 100x Proteaseinhibitor-Lösung versetzt. Zusätzlich wurde zum Lysat Tween-20 bis zu einer Konzentration von 0,05 % zugegeben. Der Überstand wurde bei -20°C über Nacht eingefroren. Am nächsten Tag wurde das Zelllysat mit 500 µL IgG-Sepharose versetzt und für 3 h auf einem Schüttelrad bei 4°C inkubiert. Anschließend wurde das Lysat auf eine 6 mL-Säule gegeben und die Sepharose-Matrix wurde mit 50 mL Puffer E gewaschen. Es folgte eine Waschung mit 50 mL TEV-Puffer. Die IgG-Säulenmatrix wurde mit 1 mL TEV-Puffer und 10 µL AcTEV-Protease über Nacht auf einem Schüttelrad inkubiert.

Am darauffolgenden Tag wurden die proteolytisch gespaltenen Proteine von der Säulenmatrix eluiert und mit 500 µL Calmodulin *Affinity*-Harz (gewaschen mit 1 mL Calmodulin Bindungspuffer), 7 mL Calmodulin Bindungspuffer und 9 µL Calciumchlorid (1M) versetzt. Die Mischung wurde 3 h auf einem Schüttelrad bei 4°C inkubiert. Nach der Inkubation wurde das Eluat auf eine zweite, gewaschene 6 mL-Säule gegeben und die Calmodulin-Säulenmatrix mit 80 mL Calmodulin Bindungspuffer gewaschen. Zur Elution der aufgereinigten Proteinkomplexe wurde die Matrix mit 500 µL Calmodulin Elutionspuffer versetzt und für 15 min auf einem Schüttelrad bei 4°C inkubiert. Anschließend wurde mit 500 µL Elutionspuffer nacheluiert und das Eluat in der Speedvac auf 300 µL Gesamtvolumen eingeengt. Zur Konzentrierung der Proteinkomplexe wurde mit 300 µL Eluat eine Chloroform/Methanol-Präzipitation durchgeführt.

3.2.4.3 Protein-Konzentrierung mit Chloroform/Methanol

Zur Konzentrierung von gelösten Proteinen wurde eine Chloroform/Methanol-Präzipitation nach Wessel *et al.* durchgeführt. Hierzu wurden 100 µL einer Protein-Lösung mit 400 µL Methanol versetzt, gevortext und für 30 s bei 10000 rpm und 4°C zentrifugiert. Anschließend wurden der Mischung 200 µL

Chloroform hinzugefügt, erneut gevortext und für 30 s bei 10000 rpm und 4°C zentrifugiert. Danach wurden 300 µL Wasser zu dem Gemisch pipettiert, für 1 min gevortext und anschließend für 3 min bei 10000 rpm und 4°C zentrifugiert. Die obere, wässrige Phase im Eppendorfgefäß wurde verworfen. In der Interphase wurde das Protein angereichert. Zu weiteren Konzentrierung wurde der unteren, organischen Phase zusätzlich 300 µL Methanol zugesetzt. Es wurde erneut gevortext und für 3 min bei 10000 rpm und 4°C zentrifugiert. Nach der Zentrifugation wurde der Überstand abgesaugt und das Proteinpellet für 15 min in der *Speedvac* getrocknet. Das getrocknete Pellet wurde anschließend in 20 µL Calmodulin Elutionspuffer aufgenommen.

3.2.4.4 Proteinkonzentrationsbestimmung nach Bradford

Die Proteinkonzentration in Lösung wurde anhand der Bestimmung nach Bradford ermittelt. Hierzu wurde zuerst eine Eichgerade bestimmt, indem die OD_{595} von Lösungen mit eingestellter Konzentration an BSA (0, 1, 2,5, 5, 10, 15, 20 und 25 mg/ml BSA in ddH_2O) gemessen wurde. 200 µL BSA-Lösung wurden zur Messung mit 800 µL 1:4 verdünnter Bradford-Reagenz gemischt und anschließend für 20 min bei RT inkubiert. Die Mischung wurde in eine Küvette überführt und in einem Photospektrometer bei 595 nm gemessen. Die erhaltenen Absorptionswerte wurden in einem Diagramm gegen die eingesetzte Proteinmenge aufgetragen und eine Regressionsgerade durch die Messpunkte gelegt. Aus der Steigung m der Eichgeraden wurde eine Gleichung zur Berechnung der Proteinkonzentrationen x ermittelt:

$$x = \frac{m}{OD595}$$

Von den zu messenden Proteinproben wurden je 2 und 10 µL eingesetzt.

3.2.4.5 SDS-Gelelektrophorese

Um Proteingemische nach ihrer Größe aufzutrennen, wurde die SDS-

Gelelektrophorese eingesetzt. Dabei lagert sich das SDS (Natrium-Dodecyl-Sulfat) an die elektrischen Ladungen der Proteine an und die Disulfidbrücken werden durch Zugabe von β-Mercaptoethanol reduziert. Hierzu wurden die Proteinproben mit 3x Stop-Puffer versetzt und für 5 min bei 95°C inkubiert. Die negativen Ladungen des SDS ermöglichen den Proteinen eine Bewegung im Gel vom Minus- zum Plus-Pol, dabei wird die Laufgeschwindigkeit von der Porengröße des SDS-Gels bestimmt. Das Gel wurde folgendermaßen vorbereitet:

Zwei saubere Glasplatten (für ein kleines Gel: 16 x 16 cm, für ein großes Gel: 18 x 18 cm) wurden, mit Abstandshaltern (Spacer, 1 mm) und Dichtungsgummi getrennt, aufeinander gelegt und mit Klammern fixiert. Zuerst wurde das Trenngel gegossen. Um vorhandene Luftblasen zu vermeiden, wurde eine Schicht Wasser auf das Trenngel pipettiert. Nachdem das Gel polymerisiert war, wurde das Wasser abgegossen und das Sammelgel auf das Trenngel gegossen. Nach dem Einsetzen des Kammes wurde erneut gewartet bis das Gel vollständig polymerisiert war. Danach wurde das Dichtungsgummi und der Kamm entfernt und das Gel in die Laufkammer eingespannt. Der obere und untere Pufferbehälter der Kammer wurden mit SDS-Laufpuffer befüllt, die Proben, inklusive Marker (*prestained marker* von Fermentas) aufgetragen und das Gel bei einer Stromstärke von 30 mA laufen gelassen.

3x Stop-Puffer	
1 Spatel	Bromphenolblau
15 g	Saccharose
4,5 g	SDS
18,8 mL	1 M Tris-HCl (pH 6,8)
26,2 mL	ddH$_2$O

10x SDS-Laufpuffer	
10 g/L	SDS
30,2 g/L	Tris
144 g/L	Glycin
in ddH$_2$O gelöst	

Vor Gebrauch des 3x Stop-Puffer wurden 900 µL mit 100 µL β-Mercaptoethanol versetzt.

Trenngel (15 mL)		
Acrylamid-Konzentration	11 % Gel	12,5 % Gel

1,5 M Tris-HCl (pH 8,8)	3,75 mL	3,75 mL
30% Acrylamid / 0,8% Bisacrylamid	5,5 mL	6,25 mL
ddH$_2$O	5,45 mL	4,65 mL
10% (w/v) SDS	150 µL	150 µL
10% (w/v) APS	150 µL	150 µL
TEMED	7,5 µL	7,5 µL

Sammelgel (7,5 ml)	
Acrylamid-Konzentration	5,6%
1,5 M Tris-HCl (pH 6,8)	936 µL
30% Acrylamid / 0,8% Bisacrylamid	1,39 mL
ddH$_2$O	4,95 mL
10% (w/v) SDS	75 µL
10% (w/v) APS	150 µL
TEMED	7,5 µL

Ammoniumpersulfat (APS)
10% (w/v) (NH$_4$)$_2$S$_2$O$_8$ in ddH$_2$O

3.2.4.6 Coomassie-Färbung

Für die Färbung eines SDS-Gels nach der Elektrophorese wurde kolloidales Coomassie der Firma Roth eingesetzt. Das gelaufene Gel wurde zuerst kurz mit Wasser abgespült, um Reste des SDS-Laufpuffers zu entfernen. Anschließend wurde das Gel für 15 h in 300 mL Coomassie-Färbelösung inkubiert. Zur Entfernung von kolloidalen Farbstoffkomplexen wurde das Gel für 5 min in 100 mL Waschlösung überführt. Für eine längere Aufbewahrungszeit wurde das Gel in 100 mL Stabilisierungslösung gelegt. Um das Gel für das Einschweißen in Cellophanfolie zu trocken, wurde es für 30 min mit 100 mL Trocknerlösung behandelt. Nach 15 min wurde die Trocknerlösung gewechselt.

Roti-Blue Färbelösung (100 mL)	
Volumen [mL]	Reagenz
60	H$_2$O
20	Methanol

20	5x Roti-Blue (unter ständigem Rühren zugeben)

Waschlösung (100 mL)	
Volumen [mL]	Reagenz
75	H$_2$O
25	Methanol

Stabilisierungslösung (100 mL)
20 g (NH$_4$)$_2$SO$_4$ gelöst in 100 mL H$_2$O

3.2.4.7 Silbernitrat-Färbung

Um ein SDS-Gel mit Silbernitrat zu färben, wurde das Gel zunächst für 1 h bzw. über Nacht mit Fixierungslösung behandelt. Anschließend wurde das Gel für 50 min in Waschlösung gelegt. Nach 25 min wurde die Waschlösung gewechselt. Das Gel wurde für 1 min in 25 mL Sensitivierungslösung, die frisch angesetzt wurde, gegeben und anschließend dreimal für 20 s mit 25 ml Wasser gewaschen. Für die Färbung wurde das Gel für 20 min mit Färbelösung, die ebenfalls frisch angesetzt wurde, behandelt. Um Proteine sichtbar zu machen, wurde das Gel in frisch angesetzter Entwicklerlösung für 3 min, oder bis Proteine sichtbar wurden, inkubiert. Für die weitere Entwicklung wurde das Gel dreimal für 20 s mit Wasser gespült. Zum Beenden der Färbung wurde das Gel für 10 min in Stop-Lösung gegeben. Zum Abschluss wurde das Gel dreimal für 10 min in Wasser inkubiert.

Fixierlösung (1L für 2 Gele)	
Volumen	Reagenz
250 mL	Ethanol
50 mL	Essigsäure
200 mL	H$_2$O
62,5 µL	Formaldehyd

Waschlösung (1L für 2 Gele)	
Volumen [mL]	Reagenz
500	Ethanol
500	H_2O

Sensitivierungslösung (1L für 2 Gele)	
0,1 g	$Na_2S_2O_3$
500 mL	H_2O

Färbelösung (1L für 2 Gele)	
1 g	$AgNO_3$
500 mL	H_2O
87,5 µL	Formaldehyd

Entwicklerlösung (1L für 2 Gele)	
60 g	Na_2CO_3
4 mg	$Na_2S_2O_3$
500 mL	H_2O
140 µL	Formaldehyd

Stop-Lösung (1L für 2 Gele)	
Volumen [mL]	Reagenz
60	Essigsäure
220	Ethanol
220	H_2O

3.2.4.8 Western Blot Analyse

Proteine können mit Hilfe spezifischer Antikörper nachgewiesen werden. Hierfür wird die Western Blot Methode angewandt. Die Proteine wurden zunächst durch eine SDS-Gelelektrophorese (s. 3.2.4.5) entsprechend ihrem Masse-Größe-

Verhältnis aufgetrennt und auf eine Nitrozellulosemembran übertragen. Während des sog. *Semi-Dry*-Transfers wurden Whatman-Papier, Nitrozellulosemembran und SDS-Gel kurz in *Semi-Dry*-Puffer geschwenkt und folgendermaßen in die Blotkammer gelegt: zuerst wurden drei Lagen Whatman-Papier, dann die Nitrozellulosemembran, anschließend das SDS-Gel luftblasenfrei aufeinandergelegt und zuletzt drei Lagen Whatman-Papier hinzugefügt. Die Apparatur wurde geschlossen und der Proteintransfer erfolgte für 1 h bei entsprechender Stromstärke (pro cm² Membran ~ 1 mA). Zur Kontrolle des Transfers wurden die Proteine auf der Nitrozellulosemembran durch 5 bis 10 min Inkubation in Ponceau-S Lösung (0,2 % Ponceau-S in 3 % TCA) angefärbt. Für die anschließende Antikörper-Inkubation wurde die Membran vollständig mit Wasser entfärbt.

Zuerst wurden alle nicht spezifischen Bindungsstellen auf der Nitrozellulosemembran durch 30 minütige Inkubation mit 2 % Milchpulver in PBS-T ("Blotto"-Lösung) abgesättigt. Der entsprechende Primär-Antikörper wurde in Blotto-Lösung verdünnt und die Inkubation erfolgte für 1 bis 1,5 h auf einem Kippschüttler bei Raumtemperatur. Anschließend wurde dreimal mit PBS-T gewaschen und der HRP *(Horse Radish Peroxidase)*-konjugierte Sekundär-Antikörper, entsprechend in PBS-T verdünnt, für 1 h auf die Membran gegeben. Anschließend folgten fünf Waschungen für je 5 min mit PBS-T und eine Waschung mit PBS. Ein Proteinnachweis erfolgte über eine Inkubation der Membran für 5 min in ECL-Lösung (1:1 Mischung aus ECL-Lösung 1 und ECL-Lösung 2, Pierce Supersignal® WestPico Chemiluminescent Substrate). Die ECL-Lösung 1 enthält Luminol, welches als Substrat der HRP dient. Luminol wird durch Wasserstoffperoxid (enthalten in ECL-Lösung 2) gespalten, dabei wird Licht emittiert. Als Katalysator dieser Reaktion dient die Meerrettich-Peroxidase (HRP). Eine Detektion der Lumineszenz erfolgte über das ECL-Kamerasystem.

3.2.4.9 Peptid-Präparation

Um Proteine aus einem mit Silbernitrat gefärbten SDS-Gel für eine MALDI-TOF Analytik vorzubereiten, wurde zunächst für jede Probe ein Eppendorfgefäß mit je 500 µL einer 0,1 %igen Trifluoressigsäure mit 60 % Acetonitril gewaschen. Die zu analysierenden Proteinbanden wurden aus dem SDS-Gel herausgeschnitten, zerkleinert und in ein gewaschenes Eppendorfgefäß überführt. Es folgte eine Zugabe von 250 µL Waschlösung A, wobei für 5 min unter Schütteln bei Raumtemperatur inkubiert wurde. Die Lösung wurde entfernt, 250 µL Waschlösung B zu den Gelfragmenten gegeben und für 30 min unter Schütteln bei RT inkubiert. Nachdem Lösung B verworfen wurde, folgte eine finale Waschung mit 250 µL Waschlösung C erneut bei RT unter ständigem Schütteln für 30 min. Die Proben wurden anschließend in der *Speedvac* getrocknet und insgesamt 15 µL Trypsin-Lösung pro Gelstück zugegeben. Nach 15 min Inkubation bei RT wurden 20 µL 10 mM Ammoniumhydrogencarbonat-Lösung zugegeben und 24 h bei 37°C inkubiert.

Am nächsten Tag wurden die Proben für 30 min und bei 4°C mit Ultraschall behandelt. Die trypsinierten Peptide wurden bei -20°C gelagert.

Waschlösung A	
50 % (v/v)	Acetonitril

Waschlösung B	
50 % (v/v)	Acetonitril
50 mM	NH_4HCO_3

Waschlösung C	
50 % (v/v)	Acetonitril
10 mM	NH_4HCO_3

Trypsin-Lösung	
1 µL	Trypsin-Lösung (0,1 µg/µL)
14 µL	NH_4HCO_3-Lsg (10 mM)

3.2.4.10 ZipTip-Aufreinung von Peptiden

Für die weitere Aufreinigung der Peptide wurde eine ZipTip-Aufreinigung durchgeführt, um Salze und andere Kontaminationen, die die massenspektrometrische Analyse stören könnten, zu entfernen. Die ZipTip-Pipettenspitze wurde zunächst mit 20 µL einer 0,1 %igen TFA/50 %igen Acetonitril-Lösung äquilibriert, indem die Lösung einmal mit der Pipette aufgezogen und wieder entlassen wurde. Anschließend folgt eine Waschung der Spitze mit 20 µl 0,1 %iger TFA-Lösung. Zur Bindung der Peptide an die ZipTip-Matrix der Pipettenspitze wurde die Peptid-Lösung viermal pipettiert. Alle ungebundenen Komponenten wurden durch viermaliges Pipettieren von 10 µL einer 0,1 %igen TFA-Lösung entfernt. Durch Behandlung mit 3 µL einer 0,1 %igen TFA/50 %igen Acetonitril-Lösung wurden die Peptide von der ZipTip-Matrix eluiert. Das Eluat wurde für die MALDI-TOF-Analytik eingesetzt.

3.2.4.11 MALDI-TOF Peptidanalytik

Die Peptide wurden nach der *dried droplet*-Methode mit einer gesättigten CHCA (α-Cyano-4-hydroxyzimtsäure)-Lösung zu einer Matrix kokristallisiert. MALDI-TOF Spektren wurden mit einem Bruker Daltonics Ultraflex Massenspektrometer aufgenommen. Als Ionenquelle wurde ein 337 nm Stickstofflaser mit 100 ns Extraktionsverzögerung eingesetzt. Die Spektren wurden als Mittelwert aus 100 Laserschüssen dargestellt. Die MALDI-TOF Spektren wurden von Frau Carola Eck aus dem Institut für Genomforschung und Systembiologie am Centrum für Biotechnologie, Bielefeld, aufgenommen.

3.2.5 Zellbiologische Methoden

3.2.5.1 Wachstumstest

Zur Überprüfung des Phänotyps einer Mutation wurde ein Wachstumstest mit verschiedenen Hefezellmutanten und Wildtypen durchgeführt. Hierzu wurden 10 µL der Hefekulturen in den Verdünnungen von OD600 0,05, 0,01 und 0,001 punktförmig auf YEPD-Agarplatten und YEPD mit 1,2 M Sorbitol-Agarplatten verteilt. Die Agar-Platten wurden bei 24°C und 30°C für vier Tage inkubiert, während jeden Tag Fotos von dem Zellwachstum gemacht wurden.

3.2.5.2 CPY-Sekretionsassay

Carboxypeptidase Y (CPY) ist ein Enzym, welches vom Golgi-Apparat über *Multivesicular Bodies* (MVBs) zur Vakuole transportiert wird. Bei einigen Hefemutanten kann dieser Transportweg defekt sein und zu einer Sekretion der CPY führen. Zur Untersuchung dieses Defekts wurde ein *Overlay*-Assay durchgeführt. Hierzu wurden Hefekulturen (mit einer OD_{600} von etwa 1,0) auf eine OD_{600} von 0,05, 0,01 und 0,001 verdünnt und 10 µL der Verdünnungen auf eine YEPD-Agarplatte aufgetropft. Eine Nitrozellulosemembran wurde anschließend auf die Agarplatte aufgelegt und die Platten für ein bis zwei Tage bei 30°C inkubiert. Sobald auf den Platten ein Wachstum der Hefezellen zu erkennen war, wurde die Membran vorsichtig entfernt, kurz mit Wasser abgewaschen und für die CPY-Detektion mit Antikörpern inkubiert (s. 3.2.4.8).

3.2.5.3 Indirekte Immunofluoreszenz

Am ersten Tag wurden die zu untersuchenden Hefezellkulturen in 8 mL YEPD-Medium angeimpft und über Nacht wachsen gelassen, so dass sie am nächsten Morgen eine OD_{600} von 0,6 bis maximal 1,2 hatten. Von dieser Zellkultur wurden 2,5 OD_{600} abzentrifugiert, in 10 mL YEPD resuspendiert und für 3 bis 4 h bei 30°C kultiviert. Zur Konservierung der Zellen wurde 1 mL einer 37 %igen Formaldehyd-Lösung zugegeben und 30 min bei 30°C inkubiert. Die Zellen wurden pelletiert, in 2 mL Fixierungslösung resuspendiert und über Nacht bei Raumtemperatur auf einer Wippe leicht geschüttelt.

Die Immunfärbung erfolgte am dritten Tag. Dazu wurden die Zellen zentrifugiert, in 1 mL TEβ resuspendiert, für 10 min bei RT inkubiert und erneut durch Zentrifugation pelletiert. Für die Spheroblastierung wurden die Zellen in 900 µL Spheroblast-Puffer-Mix (SPM) resuspendiert, mit 100 µL Zymolyase-Lösung

(500 µg/mL) versetzt und 1 h unter leichtem Schütteln bei 30°C inkubiert. Die Zellen wurden erneut pelletiert, vorsichtig mit 1,2 M Sorbitol-Azid-Lösung gewaschen, in 500 µL 1,2 M Sorbitol-Lösung resuspendiert und für 2 min, unter Zusatz von 500 µL 1,2 M Sorbitol mit 2 % SDS-Lösung, bei RT inkubiert. Anschließend wurden die Zellen zweimal vorsichtig mit 500 µL 1,2 M Sorbitol gewaschen und in 300 bis 500 µL, abhängig von der Pelletgröße, 1,2 M Sorbitol resuspendiert. Für jede Objektträgergrube wurden 40 µL Zellsuspension verwendet. Mit der restlichen Zellsuspension wurde eine Präabsorption der verwendeten Antikörper durchgeführt. Hierzu wurden die Zellen zunächst pelletiert und in PBS-BSA-Lösung resuspendiert, mit den Antikörper versetzt und 1 h bei RT im Dunkeln inkubiert.

SEY6210: in 399 µL PBS-BSA + 1 µL anti-Maus-CY2 (1:400)

SEY6210: in 399 µL PBS-BSA + 1 µL anti-Maus-CY3 (1:400)

Nach der Inkubationszeit wurden die Zellen abzentrifugiert und der Überstand als Antikörperlösung für die Immunfärbung benutzt.

Zur Vorbereitung der Objektträger wurde in jede Grube 30 µL Poly-L-Lysin gegeben und 1 min einwirken gelassen. Danach wurden die Gruben 6 mal mit Wasser gewaschen und für 10 min an der Luft getrocknet.

Für die Immunfärbung wurden je 40 µL Zellsuspension in eine Objektträgergrube geben und 10 min inkubiert. Die Zellen, die sich nicht abgesetzt hatten, wurden abgesaugt und die verbleibenden Zellen dreimal mit 25 µL PBS-BSA-Azid-Lösung gewaschen. Die letzte Waschlösung wurde auf den Zellen gelassen und für 15 min in einer feuchten Dunkelkammer inkubiert. Es wurden je 20 µL Primär-Antikörperlösung auf die Zellen pipettiert und für 1 h in der feuchten Dunkelkammer inkubiert. Nach der Inkubation mit dem ersten Antikörper wurde jede Grube 6 mal mit 25 µL PBS-BSA-Azid-Lösung gewaschen und mit 20 µL des Sekundär-Antikörpers behandelt. Die Inkubationszeit mit dem Sekundär-Antikörper betrug ebenfalls 1 h bei RT in der feuchten Dunkelkammer. Anschließend wurden die Objektträgergruben erneut 6 mal mit 25 µL PBS-BSA-Azid-Lösung gewaschen. Um die Zellkerne der Hefezellen anzufärben, wurden nach der Waschung 20 µL DAPI-Lösung zu den Zellen gegeben und für 10 min bei RT in der Feuchtkammer inkubiert. Danach wurden die Gruben dreimal mit je

25 µL PBS-BSA-Azid-Lösung gewaschen und pro Grube 8 µL Mounting Medium auf die Zellen gegeben. Nach der Positionierung des Deckglases wurde 10 min gewartet, bevor es mit Nagellack versiegelt wurde. Eine Aufbewahrung der präparierten Objektträger erfolgte bei -20°C.

Die Zellen wurden mit dem Fluoreszenzmikroskop bei folgenden Wellenlängen untersucht: DAPI: 395 nm

CY2: 489 nm

CY3: 570 nm

Fixierungslösung	
1 g	Paraformaldehyd
25 mL	H_2O
187,5 µL	NaOH (6 M)
0,34 g	KH_2PO_4
pH-Wert auf 6,5 einstellen	

Spheroblast-Puffer-Mix (SPM) [5 mL]	
1,2 M	Sorbitol (3 mL aus 2 M Stammlösung)
50 mM	K_3PO_4 (250 µL aus 1 M Stammlsg.)
1 mM	$MgCl_2$ (50 µL aus 0,1 M Stammlsg.)
1,7 mL	H_2O

Sorbitol-Azid-Lösung [5 mL]	
1,2 M	Sorbitol (3 mL aus 2 M Stammlösung)
5 mM	NaN_3 (25 µL aus 1 M Stammlösung)
1,975 mL	H_2O

Sorbitol-2 % SDS-Lösung [10 mL]	
1,2 M	Sorbitol (6 mL aus 2 M Stammlösung)

2 %	SDS (2 mL aus 10 %iger Stammlösung)
5 mM	NaN$_3$ (50 µL aus 1 M Stammlösung)
1,975 mL	H$_2$O

PBS-BSA-Azid-Lösung [100 mL]	
500 mg	BSA (5 mg/mL)
5 mM	NaN$_3$ (500 µL aus 1 M Stammlösung)
100 mL	1x PBS
	lagerbar bei 4°C

Mounting Medium	
50 mg	p-Phenylendiamin
5 mL	1x PBS
45 mL	Glycerin (100 %)
3 µL	DAPI
	1 mL Aliquots einfrieren bei -80°C

3.2.5.4 GFP-Fluoreszenz

Zunächst wurden Fusionsproteine erzeugt, die jeweils C- bzw. N-terminal mit dem grün fluoreszierenden Protein (**G**reen **F**luorescence **P**rotein, GFP) markiert worden sind. Diese Fusionsproteine wurden bei einer Wellenlänge von 489 nm zur Fluoreszenz angeregt und unter einem Fluoreszenzmikroskop beobachtet. Hierzu wurden die entsprechenden Hefezellen bis zu einer OD$_{600}$ von 0,8 wachsen gelassen, einmal mit PBS gewaschen und direkt unter dem Fluoreszenzmikroskop betrachtet und fotografiert.

3.2.5.5 Endosomale DsRed-FYVE-Färbung

Zuerst wurde das DsRed-FYVE Ursprungsplasmid pTPQ127 mit den

Restriktionsenzymen *KpnI* und *SacI* geschnitten, um die Umklonierung in das cen-Plasmid pRS316 (CEN6, URA3) zu ermöglichen. Anschließend wurde dieses Konstrukt als pMA4 bezeichnet und in *E. coli* transformiert. Zur Färbung der Endosomen wurde das Plasmid über eine *Plate*-Transformation in die eGFP-Vti1p(M55, Q116, wt) exprimierenden Hefestämme MAY25, 26 und 27 eingebracht. Die Hefemutanten wurden bis zu einer OD_{600} von 0,9 bei 30°C wachsen gelassen. Für die Mikroskopie wurden 1 OD Zellen abzentrifugiert, in 50 µL SD-Ura/His Medium resuspendiert und sofort unter dem Fluoreszenzmikroskop betrachtet. Das DsRed-FYVE-Signal wurde bei einer Wellenlänge von 583 nm aufgenommen.

3.2.5.6 FM4-64 Färbung

Der FM4-64 [N-(3-triethylammoniumpropyl)-4-(4-diethylaminophenylhexatrienyl) Pyridindibromid] Farbstoff wird endozytiert, kann sich in Zellmembranen einlagern und ist somit ein ideales Reagenz, um den Membrantransport der Endozytose bis zur Vakuole zu verfolgen. Hierzu wurde eine Übernachtkultur von Hefezellen bis zu einer OD_{600} von 0,8 bis 1,0 wachsen gelassen. Anschließend wurden 0,375 OD_{600} von dieser Kultur pelletiert und in 120 µL YEPD-Medium resuspendiert. Es folgte eine Zugabe von 1 µL FM4-64 (16 mM in DMSO gelöst). Die Aufnahme des Farbstoffs erfolgte durch eine Inkubation bei 30°C für 20, 30 und 45 min unter Lichtausschluss. Nach der Inkubation wurden die Zellen einmal mit 120 µL YEPD gewaschen und in 20 µL YEPD resuspendiert. Von dieser Suspension wurden 5 µL auf einen Objektträger aufgetragen. Die Zellen wurden sofort unter dem Fluoreszenzmikroskop beobachtet und fotografiert. Für die FM4-64-Färbung wurde der *Texas Red* Filter (Absorption bei 586 nm, Emission bei 605 nm) benutzt.

4 Ergebnisse

4.1 Interaktionspartner des N-Terminus des Qb-SNAREs Vti1p

4.1.1 Klonierung und Transformation des Fusionsproteins Vti1p-TAP in *S. cerevisiae*

Zum Nachweis von Interaktionspartnern des N-Terminus von Vti1p wurde dieses SNARE-Protein C-terminal mit einem TAP (*tandem affinity purification*)-*tag* markiert. Durch das TAP-*tag* wurde eine gezielte Aufreinigung von Vti1p aus einer Zellkultur über zwei Säulen ermöglicht. Zuerst wurde über eine PCR das TAP-*tag* an ein trunkiertes Vti1p (AS M1-D115), dem das SNARE-Motiv, sowie der C-Terminus fehlte, angefügt und anschließend über eine Restriktion mit *EcoRI/HindIII* in den Expressionsvektor pYX242 kloniert. Dieses Plasmid, als pMA2 bezeichnet, wurde dann über eine *Plate*-Transformation in den Hefestamm SSY4 transformiert. Der transformierte Hefestamm wurde als MAY5 in die Stammsammlung aufgenommen.

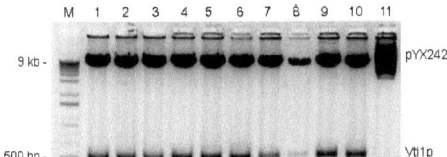

Abb.4-1 Nachweis von Vti1p im Vektor pYX242 durch eine Restriktion mit *EcoRI/BamHI*.
Durch die Spaltung entstanden zwei Produkte. Vti1p hatte eine Länge von 450 bp, pYX242 eine Länge von 9,5 kb.

Zum Nachweis des TAP-*tags* wurde eine Spaltung mit *BamHI/HindIII* durchgeführt.

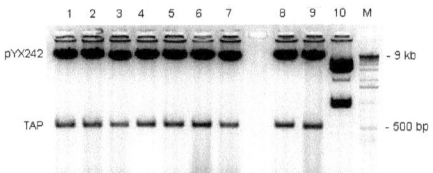

Abb.4-2 Nachweis des TAP-*tags* im Vektor pYX242 durch eine Spaltung mit *BamHI/HindIII*.
Durch die Spaltung entstanden zwei Produkte. Das TAP-*tag* hatte eine Länge von 550 bp,

pYX242 eine Länge von 9,5 kb.

Anhand der Resultate der Restriktionen wurde für die weiteren Arbeiten das Plasmid des Klons 4 als pMA2 ausgewählt. Zur Kontrolle wurde auch ein Plasmid, in dem nur das TAP-*tag* im Vektor pYX242 vorliegt, erzeugt und in den Hefestamm SSY4 transformiert und als MAY6 bezeichnet.

4.1.2 Nachweis der Produktion und Affinitätsaufreinigung von Vti1p-TAP

4.1.2.1 Nachweis der Produktion von Vti1p-TAP

Um die Produktion des Fusionsproteins Vti1p-TAP zu überprüfen, wurde eine Proteinextraktion nach Thorner und anschließend ein Western Blot durchgeführt. Für die Proteinextraktion wurden die Vti1p-TAP exprimierenden Stämme auf eine OD_{600} von 1,0 bis 1,3 angezogen. Hiervon wurden ca. 5 OD_{600} für eine Extraktion eingesetzt. Die extrahierten Proteine wurden auf ein 11%iges SDS-Polyacrylamid-Gel aufgetragen und anschließend auf eine Nitrozellulosemembran übertragen. Die Membran wurde mit Antikörpern gegen Vti1p behandelt, um die Produktion von Vti1p-TAP nachzuweisen.

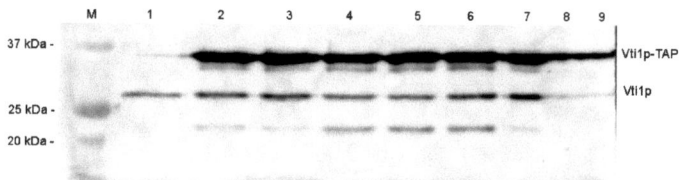

Abb.4-3 Western Blot der Vti1p-TAP Produktion. Das Fusionsprotein hat ein berechnetes Molekulargewicht von ca. 34,2 kDa und war auf der Membran bei ca. 35 kDa nachweisbar. Natives Vti1p konnte bei ca. 26 kDa detektiert werden. In Spur 1 wurde Vti1p ohne TAP-*tag* als Kontrolle aufgetragen.

Anhand des Western Blots konnte gezeigt werden, dass Vti1p-TAP bei ca. 35 kDa detektiert und in der Hefe SSY4 exprimiert wurde. Natives Vti1p wurde ebenfalls bei 26 kDa nachgewiesen.

4.1.2.2 Affinitätsaufreinigung der Proteinkomplexe mit Vti1p-TAP

Zur Detektion von möglichen, interagierenden Proteinen mit dem N-Terminus von Vti1p wurde eine TAP-Affinitätsaufreinigung durchgeführt. Während der Etablierung dieser Methode wurden zunächst 500 mL Zellkulturvolumen bis zu einer OD_{600} von ca. 1,4 wachsen gelassen und anschließend aufgereinigt. Hierzu wurden die Zellen mit dem Lysepuffer gewaschen und mit der *French Press* aufgeschlossen. Es folgte die Aufreinigung über die erste Säule, wobei das Vti1p-TAP an die IgG-Sepharose Matrix gebunden wurde. Das Fusionsprotein wurde durch eine Spaltung mit TEV-Protease von der ersten Säule eluiert und auf eine zweite Säule gegeben. Das Vti1p wurde über die Calmodulin Bindedomäne des TAP-*tags* an die Calmodulin-Matrix gebunden, anschließend folgte eine Waschung und die Elution des Proteinkomplexes mit EGTA. Die Effizienz der Aufreinigung wurde mithilfe einer SDS-PAGE und einer nachfolgenden Silbernitrat-Färbung überprüft. Für eine Quantifizierung der Expression wurde mit den Proteinproben ein Western Blot durchgeführt.

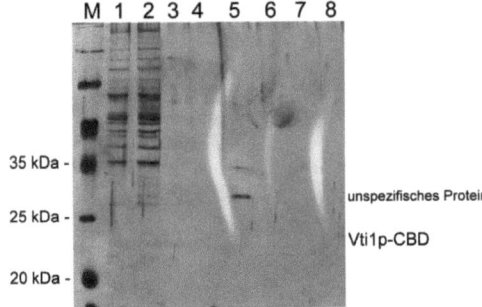

Abb. 4-4 Silbernitrat-gefärbtes Polyacrylamid-Gel von Vti1p-TAP. Aufgetragen wurden Proben aus einer TAP-Aufreinigung. In Spur 1 wurden die löslichen Hefeproteine, in Spur 2 ungebundene Proteine der ersten Säule, in Spur 3 die Puffer E-Waschfraktion, in Spur 4 die TEV-Puffer-Waschfraktion, in Spur 5 Proteine nach TEV-Protease Spaltung, in Spur 6 ungebundene Proteine der zweiten Säule, in Spur 7 die Calmodulin-Bindepuffer-Waschfraktion und in Spur 8 das Eluat der zweiten Säule aufgetragen.

In Spur 5 des Silbernitrat-gefärbten Polyacrylamid-Gels sollte Vti1p mit der Calmodulin-Bindedomäne des TAP-*tags* als Eluat der ersten Säule nachweisbar sein (berechnetes MW: 18 kDa). Ein unspezifisches Protein ist mit einem Molekulargewicht von ca. 30 kDa im Gel sichtbar. Durch die Inkubation mit

TEV-Protease wurde die Protein A-Domäne des TAP-*tags* gespalten und der Vti1p-Proteinkomplex von der IgG-Sepharose-Matrix eluiert. Ein Volumen von 500 mL Zellkultur reichte nicht aus, um einen Vti1p-Proteinkomplex als Elution von der zweiten Säule im Gel sichtbar zu machen. In Spur 8 konnte infolgedessen kein Protein nachgewiesen werden.

Um einen empfindlicheren Nachweis der Produktion zu erhalten, wurde ein Western Blot von den Proben durchgeführt.

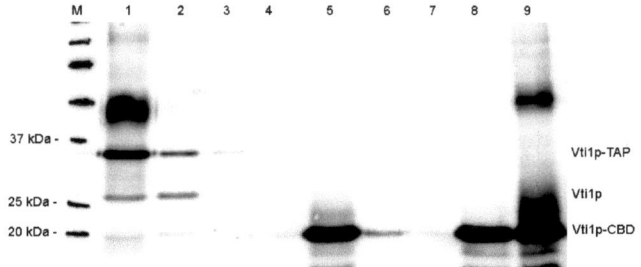

Abb.4-5 Western Blot der Vti1p-TAP Proben. In Spur 1 wurden die löslichen Proteine aufgetragen. In Spur 2 wurde das Gel mit den ungebundenen Proteinen der ersten Säule, in Spur 3 mit der Puffer E Waschfraktion, in Spur 4 mit der TEV-Puffer Waschfraktion, in Spur 5 mit dem Eluat der ersten Säule, in Spur 6 mit den ungebundenen Proteinen der zweiten Säule, in Spur 7 mit der Calmodulin Bindepuffer Waschfraktion, in Spur 8 mit dem Eluat der zweiten Säule und in Spur 9 mit den Chloroform/MeOH präzipitierten Proteinen des Eluats der zweiten Säule beladen. Entwickelt wurde der Blot mit Kaninchen-α-Vti1p und Ziege-α-Kaninchen-HRP Antikörper.

Anhand des Blots ist ersichtlich, dass Vti1p-TAP im Hefestamm SSY4 exprimiert werden konnte, erkennbar als Bande bei ca. 35 kDa. Weiterhin konnte gezeigt werden, dass die TAP-Aufreinigung prinzipiell etabliert werden konnte. In Spur 5 wurde das Vti1p, durch die Spaltung mit TEV-Protease, als Eluat der ersten Säule nachgewiesen, erkennbar durch eine Bande bei ca. 20 kDa. An dem Vti1p befindet sich, zur Aufreinigung über eine zweite Säule, noch die Calmodulin-Bindedomäne. Das vollständig aufgereinigte Vti1p-CBD konnte mit einem Molekulargewicht von 20 kDa in der Spur 9 gezeigt werden. In Spur 1 und 2 wurde natives Vti1p mit einem Molekulargewicht von 26 kDa nachgewiesen. Das TAP-gekoppelte Vti1p lief bei einem Gewicht von ca. 35 kDa, sichtbar in Spur 1, 2 und 3.

Zur Kontrolle wurde neben der Vti1p-TAP-Aufreinigung eine Aufreinigung mit pYX242-TAP durchgeführt. Es sollte festgestellt werden, ob möglicherweise andere Proteine unspezifisch an das TAP-*tag* binden konnten.

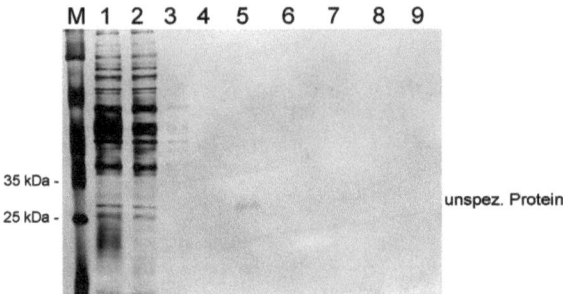

Abb.4-6 Silbernitrat-gefärbtes Polyacrylamid-Gel von pYX242-TAP. Aufgetragen wurden Proben aus einer TAP-Aufreinigung. In Spur 1 wurden die löslichen Protein des Zellkulturüberstands, in Spur 2 ungebundene Proteine der ersten Säule, in Spur 3 die Puffer E Waschfraktion, in Spur 4 die TEV-Puffer Waschfraktion, in Spur 5 Proteine nach TEV-Protease Spaltung, in Spur 6 ungebundene Proteine der zweiten Säule, in Spur 7 die Calmodulin-Bindepuffer Waschfraktion und in Spur 8 das Eluat der zweiten Säule.

Bei der Kontrolle pYX242-TAP sollte kein Protein im Eluat der zweiten Säule nachweisbar sein. In Spur 5 zeigte sich nach TEV-Protease Spaltung ein Produkt bei ca. 26 kDa. Das TAP-*tag* allein besaß ein berechnetes Molekulargewicht von ca. 21,2 kDa, wovon ca. 4,3 kDa auf die Calmodulin-Bindedomäne entfiel. Bei dem Produkt in Spur 5 handelte es sich um ein unspezifisches Protein. In der Eluat-Fraktion der zweiten Säule (Spur 8) wurden keine unspezifisch bindende Proteine nachgewiesen, d.h. dass die TAP-Aufreinigung für Vti1p-TAP ohne Anreicherung von Nebenprodukten erfolgen konnte.

Einen empfindlicheren Nachweis von pYX242-TAP lieferte ein anschließend durchgeführter Western Blot.

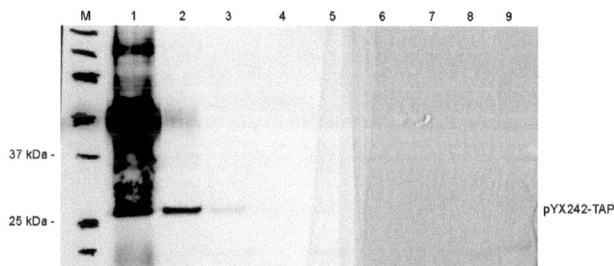

Abb.4-7 Western Blot der pYX242-TAP Proben. In Spur 1 wurden die löslichen Proteine des Überstands, in Spur 2 die ungebundenen Proteine der ersten Säule, in Spur 3 die Puffer E Waschfraktion, in Spur 4 die TEV-Puffer Waschfraktion, in Spur 5 das Eluat der ersten Säule, in Spur 6 die ungebundenen Proteine der zweiten Säule, in Spur 7 die Calmodulin-Bindepuffer Waschfraktion, in Spur 8 das Eluat der zweiten Säule und in Spur 9 die mit Chloroform/MeOH präzipitierten Proteine des Eluats der zweiten Säule aufgetragen. Entwickelt wurde der Blot mit dem Ziege-α-Kaninchen-HRP Antikörper, welcher an die Protein A-Domäne des TAP-*tag* bindet.

Mit Hilfe des Western Blots konnte gezeigt werden, dass pYX242-TAP exprimiert wird. Das Konstrukt pYX242-TAP konnte somit als Negativ-Kontrolle für die Aufreinigungsmethode eingesetzt werden.

4.1.3 Interaktionspartner des N-Terminus von Vti1p

Zur Etablierung der TAP-Aufreinigungsmethode mussten die Ausbeuten an Vti1p-CBD durch eine SDS-PAGE mit anschließendem Western Blot quantifiziert und optimiert werden.

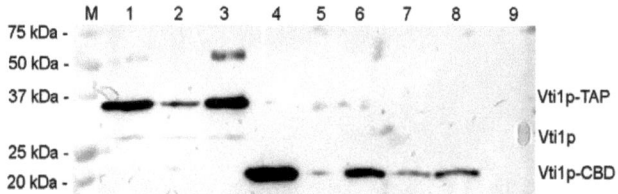

Abb.4-8 Western Blot der ersten Optimierung mit 200 mL Zellkultur. Aufgetragen wurde in Spur 1 eine Probe der löslichen Proteine, in Spur 2 ungebundene Proteine der ersten Säule, in Spur 3 eine Probe der IgG-Sepharose-Säulenmatrix, in Spur 4 das Eluat der ersten Säule, in Spur 5 ungebundene Proteine der zweiten Säule, in Spur 6 das Eluat der zweiten Säule, in Spur 7 das präzipitierte Eluat der zweiten Säule, in Spur 8 die TEV-Puffer Waschfraktion und in Spur 9 eine Probe des MeOH-Überstands der Präzipitation. Entwickelt wurde dieser Blot und alle folgenden Blots mit Kaninchen-α-Vti1p und Ziege-α-Kaninchen-HRP Antikörpern.

Anhand des Auftragsvolumen der Proben konnte der prozentuale Anteil des Probenvolumens am Gesamtvolumen berechnet werden.

Tab.4-1 Quantifizierung der TAP-Aufreinigung, erste Optimierung.

\multicolumn{3}{c	}{TAP-Aufreinigung, erste Optimierung}
Spur	Probe	Anteil des Probenvolumens [%]
1	lösliche Proteine des Kulturüberstands	0,1
2	ungebundene Proteine erste Säule	0,1
3	Matrix erste Säule (IgG-Sepharose)	10,0
4	Eluat der ersten Säule	4,0
5	ungebundene Proteine zweite Säule	1,5
6	Eluat der zweiten Säule	16,0
7	Eluat der zweiten Säule nach Präzipitation	40,0
8	TEV-Puffer Waschfraktion	2,0
9	MeOH-Überstand der Präzipitation	6,3

Während der Aufreinigung entstand ein großer Verlust an Protein, erkennbar an den Bandenintensitäten der Eluat-Fraktion der ersten Säule (Spur 4, 4% geladen) im Vergleich zur Eluat-Fraktion der zweiten Säule (Spur 6, 16% geladen). Die anschließende Chloroform/MeOH-Präzipitation führte zu großen Verlusten an eluiertem Vti1p (Spur 7). Vti1p-CBD konnte nach der Chloroform/Methanol-Präzipitation nur sehr schwach im Blot nachgewiesen werden (Spur 7), obwohl 40 % des Probenvolumens aufgetragen wurden.

Eine erneute TAP-Aufreinigung wurde zur Optimierung durchgeführt, wobei die Volumina der Waschpuffer, die Volumina der Säulenmatrices und das Elutionsvolumen variiert wurden.

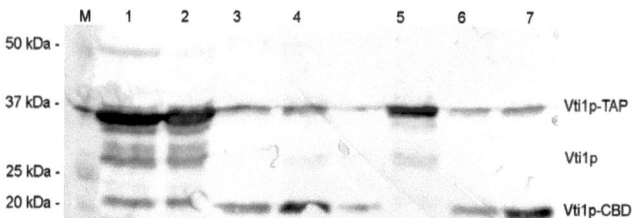

Abb.4-9 Western Blot der zweiten Optimierung mit 500 mL Zellkultur. Aufgetragen wurde in Spur 1 eine Probe der löslichen Proteine, in Spur 2 ungebundene Proteine der ersten Säule, in Spur 3 eine Probe der IgG-Sepharose-Säulenmatrix, in Spur 4 das Eluat der ersten Säule, in Spur 5 ungebundene Proteine der zweiten Säule, in Spur 6 lösliche Proteine im Calmodulin Bindepuffer und in Spur 7 das Eluat der zweiten Säule.

Aus den Auftragsvolumina der Proben wurde deren prozentualer Anteil am Gesamtvolumen berechnet.

Tab.4-2 Quantifizierung der TAP-Aufreinigung, zweite Optimierung.

Spur	Probe	Anteil des Probenvolumens [%]
	TAP-Aufreinigung, zweite Optimierung	
1	lösliche Proteine des Kulturüberstands	0,5
2	ungebundene Proteine erste Säule	0,5
3	Matrix erste Säule (IgG-Sepharose)	10,0
4	Eluat der ersten Säule	1,3
5	ungebundene Proteine zweite Säule	2,5
6	lösliches Protein im Calmodulin Bindepuffer	1,3
7	Eluat der zweiten Säule	5,0

Hier konnte Vti1p-CBD mit einer stärkeren Bande auf dem Blot nachgewiesen werden (Spur 7). Es wurden 5 % des Vti1p-CBDs aufgetragen. Deutlich zu erkennen war, dass auch Vti1p-TAP als Verunreinigung im Eluat der zweiten Säule detektiert wurde. Die Eluatfraktion der zweiten Säule zeigte weiterhin einen erheblichen Verlust an Protein im Vergleich zur Eluatfraktion der ersten Säule, deshalb wurde die TAP-Aufreinigung zur Optimierung wiederholt.

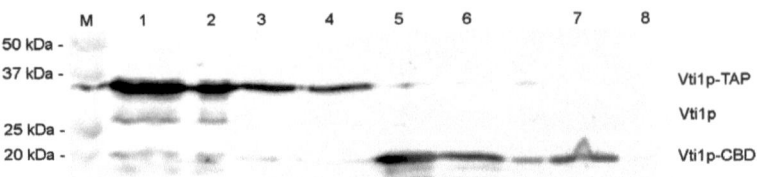

Abb.4-10 Western Blot der dritten Optimierung mit 500 mL Zellkultur. Aufgetragen wurde in Spur 1 eine Probe der löslichen Proteine, in Spur 2 ungebundene Proteine der ersten Säule, in Spur 3 eine Probe der Puffer E Waschfraktion, in Spur 4 die TEV Puffer Waschfraktion, in Spur 5 das Eluat der ersten Säule, in Spur 6 ungebundene Proteine der zweiten Säule, in Spur 7 das Eluat der zweiten Säule (aufgereinigtes Vti1p-CBD) und in Spur 8 die Calmodulin-Bindepuffer Waschfraktion.

Die Quantifizierung ergab folgende Ergebnisse:

Tab.4-3 Quantifizierung der TAP-Aufreinigung, dritte Optimierung.

Spur	Probe	Anteil des Probenvolumens [%]
	TAP-Aufreinigung, dritte Optimierung	
1	lösliche Proteine des Kulturüberstands	0,1
2	ungebundene Proteine erste Säule	0,1
3	Puffer E Waschfraktion	0,5
4	TEV Puffer Waschfraktion	0,5
5	Eluat der ersten Säule	2,5
6	ungebundene Proteine der zweiten Säule	0,5
7	Eluat der zweiten Säule	2,5
8	Calmodulin Bindepuffer Waschfraktion	0,8

In Spur 8 des Blots konnte Vti1p-CBD mit einem Anteil von 2,5 % als relativ starke Bande nachgewiesen werden. Es zeigte sich auch weniger Verlust an Protein zwischen dem Eluat der ersten Säule (Spur 5) und dem Eluat der zweiten Säule (Spur 7). In den Proben der Waschfraktionen konnte allerdings noch Vti1p-TAP bzw. Vti1p-CBD nachgewiesen werden, was bedeutet, dass die eingesetzten Volumina an Säulenmatrices und Waschpuffer noch optimiert werden mussten.

Daher wurde die Aufreinigung von Vti1p-CBD aus dem Stamm MAY5 erneut durchgeführt.

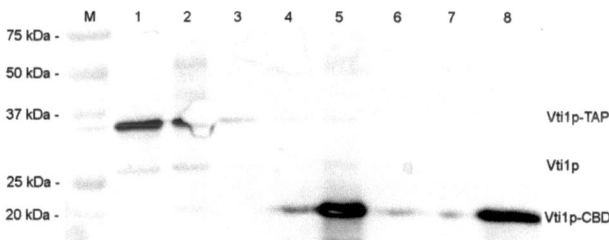

Abb.4-11 Western Blot der vierten Optimierung mit 500 mL Zellkultur. Aufgetragen wurde in Spur 1 eine Probe der löslichen Proteine, in Spur 2 ungebundene Proteine der ersten Säule, in Spur 3 eine Probe der Puffer E Waschfraktion, in Spur 4 die TEV Puffer Waschfraktion, in Spur 5 das Eluat der ersten Säule, in Spur 6 ungebundene Proteine der zweiten Säule, in Spur 7 die Calmodulin Bindepuffer Waschfraktion und in Spur 8 Vti1p-CBD nach Elution von der zweiten Säule.

Eine Quantifizierung der prozentualen Probenanteile ergab folgendes Ergebnis:

Tab.4-4 Quantifizierung der TAP-Aufreinigung, vierte Optimierung.

\multicolumn{3}{c}{TAP-Aufreinigung, vierte Optimierung}
Spur	Probe	Anteil des Probenvolumens [%]
1	lösliche Proteine des Kulturüberstands	0,2
2	ungebundene Proteine erste Säule	0,2
3	Puffer E Waschfraktion	0,4
4	TEV Puffer Waschfraktion	0,4
5	Eluat der ersten Säule	2,9
6	ungebundene Proteine der zweiten Säule	0,7
7	Calmodulin Bindepuffer Waschfraktion	0,4
8	Eluat der zweiten Säule	4,0

Aus dem Blot ist ersichtlich, dass Vti1p-CBD spezifisch in relativ hoher Ausbeute angereichert werden konnte. Der Nachweis des Fusionsproteins in den Waschfraktion war minimal, d.h. dass die eingesetzten Volumina an Säulenmatrix und Waschpuffer optimal gewählt wurden. Zur weiteren Erhöhung der Ausbeute an Vti1p-CBD wurde das Zellkulturvolumen für eine erneute Aufreinigung auf 1 L erhöht.

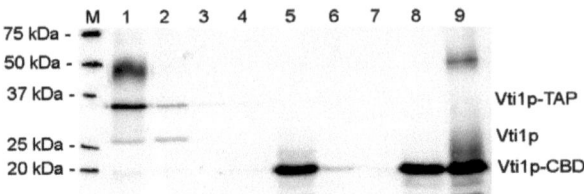

Abb.4-12 Western Blot der fünften Optimierung mit 1 L Zellkultur. Aufgetragen wurde in Spur 1 eine Probe der löslichen Proteine, in Spur 2 ungebundene Proteine der ersten Säule, in Spur 3 eine Probe der Puffer E Waschfraktion, in Spur 4 die TEV Puffer Waschfraktion, in Spur 5 das Eluat der ersten Säule, in Spur 6 ungebundene Proteine der zweiten Säule, in Spur 7 die Calmodulin Bindepuffer Waschfraktion, in Spur 8 das Eluat der zweiten Säule (Vti1p-CBD) und in Spur 9 das Vti1p-CBD nach Chloroform/MeOH-Präzipitation.

Aus den aufgetragenen Probenvolumina wurde der prozentuale Anteil am Gesamtvolumen zur Quantifizierung des Blots berechnet.

Tab.4-5 Quantifizierung der TAP-Aufreinigung, fünfte Optimierung.

TAP-Aufreinigung, fünfte Optimierung		
Spur	Probe	Anteil des Probenvolumens [%]
1	lösliche Proteine des Kulturüberstands	0,05
2	ungebundene Proteine erste Säule	0,05
3	Puffer E Waschfraktion	0,2
4	TEV Puffer Waschfraktion	0,2
5	Eluat der ersten Säule	1,0
6	ungebundene Proteine der zweiten Säule	0,5
7	Calmodulin Bindepuffer Waschfraktion	0,2
8	Eluat der zweiten Säule	1,0
9	Vti1p-CBD nach Präzipitation	16,7

In Spur 8 konnte Vti1p-CBD mit einem Anteil von 1,0 % als starke Bande nachgewiesen werden. Es konnte auch eine spezifische Anreicherung von Vti1p-CBD von Spur 5 (als Eluat der ersten Säule, nach TEV-Protease-Spaltung) nach Spur 8 (als Eluat der zweiten Säule) ohne massive Verluste gezeigt werden. Ferner ist aus dem Blot ersichtlich, dass das Fusionsprotein fast vollständig an die IgG-Sepharose und die Calmodulin *beads* gebunden hatte (Spur 2 und Spur 6). Ein Nachweis von Vti1p-TAP bzw. Vti1p-CBD in den Waschfraktionen blieb nahezu vollständig aus. Die Präzipitation von Vti1p-CBD mit Chloroform/MeOH konnte nur unter großen Verlusten (siehe Bandenintensitäten der Spuren 8 und 9 im Vergleich) durchgeführt werden. Im Vergleich mit anderen Präzipitationen (z. B. Aceton und Ammoniumsulfat) stellte die Chloroform/MeOH-Präzipitation die effizienteste Methode dar. Um potenzielle Interaktionspartner des N-Terminus von Vti1p auf einem mit Silbernitrat gefärbten SDS-Polyacrylamidgel sichtbar zu machen, wurde das Zellkulturvolumen auf 3 L erhöht.

Für die Suche nach Interaktionspartner mit Vti1p *in vivo* wurden 3 L Zellkultur bis zu einer OD_{600} von 1,3 wachsen gelassen und anschließend eine TAP-Aufreinigung durchgeführt. Die aufgereinigten Proteine wurden auf ein Polyacrylamid-Gel aufgetragen und das Gel mit Silbernitrat gefärbt.

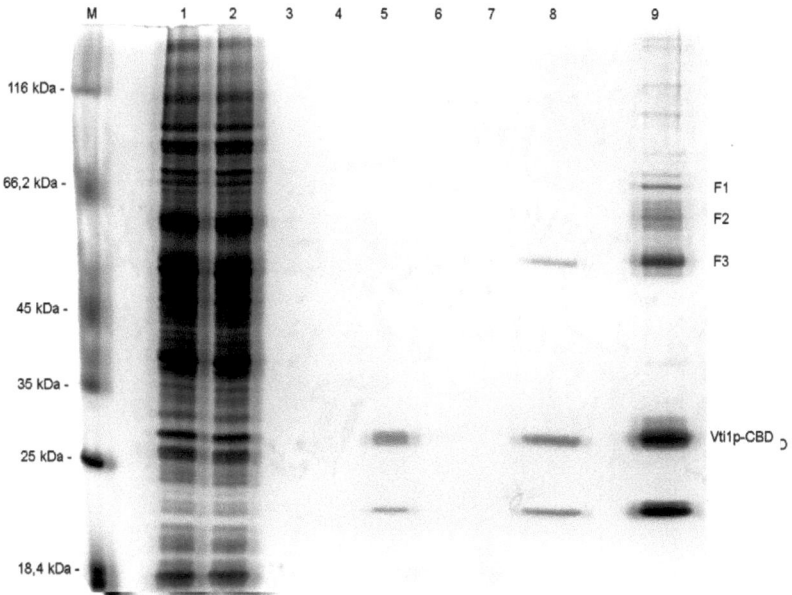

Abb.4-13 Silbernitrat-gefärbtes Polyacrylamid-Gel einer Aufreinigung von Vti1p-TAP.
Aufgetragen wurden in Spur 1 eine Probe der löslichen Proteine des Zellkulturüberstands, in Spur 2 ungebundene Proteine der ersten Säule, in Spur 3 die Puffer E-Waschfraktion, in Spur 4 die TEV-Puffer Waschfraktion, in Spur 5 das Eluat der ersten Säule nach TEV-Protease-Inkubation, in Spur 6 ungebundene Proteine der zweiten Säule, in Spur 7 die Calmodulin-Bindungspuffer Waschfraktion, in Spur 8 das Eluat nach vollständiger Aufreinigung und in Spur 9 das Chloroform/MeOH-präzipitierte Eluat. Die Proben F1 bis F3 wurden für die weitere Analyse ausgeschnitten.

4 Ergebnisse

Im gefärbten Polyacrylamid-Gel konnten in Spur 8 und 9 neben Vti1p zusätzliche Banden sichtbar gemacht werden. Die mit F1, F2 und F3 bezeichneten Proteine wurden für die weitere massenspektrometrische Untersuchung ausgeschnitten und weiterverarbeitet. Die Probe F1 zeigte ein Molekulargewicht von ca. 66 kDa, die Probe F2 eine Gewicht von ca. 58 kDa und F3 verfügte über eine Masse von ca. 50 kDa.

Für die massenspektrometrische Untersuchung im MALDI-TOF Massenspektrometer wurden die Proteine in den ausgeschnittenen Gelstücken mit Trypsin gespalten und die erhaltenen Peptide durch eine ZipTip-Aufreinigung entsalzt. Für die Aufnahme des Spektrums wurden die Proben der *Proteomics*-Abteilung des CeBiTec übergeben. In Abb.4-14 ist beispielhaft das Massenspektrum der 66 kDa-Probe F1 dargestellt.

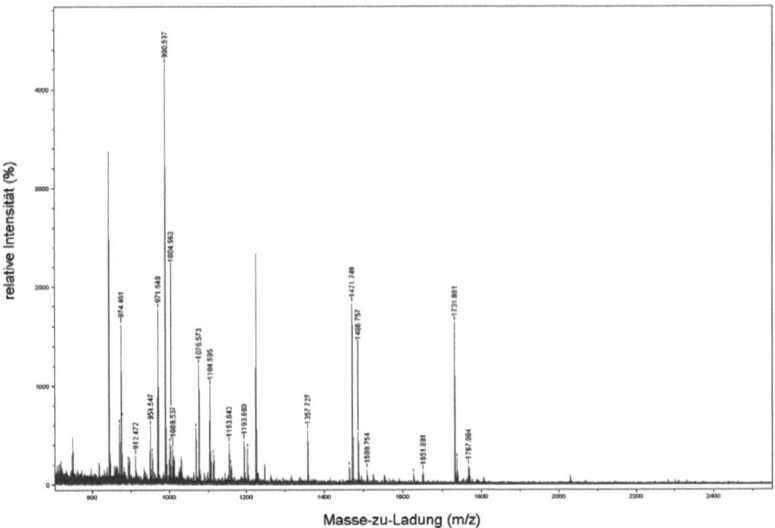

Abb.4-14 MALDI-TOF Massenspektrum der Probe F1 (66 kDa). Aufgetragen ist die relative Intensität (%) gegen die Masse-zu-Landungszahl (m/z).

Mithilfe des Massenspektrums der Peptide der Probe F1 und einer anschließenden MASCOT-Datenbankabfrage der Aminosäuresequenzen konnten zwei potenzielle Interaktionspartner identifiziert werden. Es handelte sich dabei um die bisher uncharakterisierten Proteine YCL058W-A und YLL033W. Die gefundenen Proteine sollten einen *Score*-Wert von 50 aufweisen, um als signifikant zu gelten.

Von den Proben F2 (58 kDa) und F3 (50 kDa) konnte kein Spektrum erhalten werden.

Tab.4-6 Interaktionspartner mit Vti1p in der Probe F1 (66 kDa).

66 kDa-Probe					
Interaktionspartner		Beschreibung	Sequenz [bp]	Molekulargewicht [kDa]	Score
Standard Name	Systematischer Name				
CDC19	YAL038W	Pyruvatkinase, funktioniert als Homotetramer in der Glykolyse, um Phosphoenolpyruvat zu Pyruvat umzuwandeln	1502	54,5	103
-	YCL058W-A	Protein mit unbekannter Funktion, Homologie in *Ashbya gossypii*	341	12,7	76
IRC19	YLL033W	Protein mit unbekannter Funktion, Mutante zeigt Defekte in der Sporulation	692	27,4	59
-	YNL313C	Protein mit unbekannter Funktion, lokalisiert im Cytoplasma	2714	102,3	53
MRPL38	YKL170W	mitochondriales Protein der großen Untereinheit, auch bekannt als MRPL34	416	14,9	52
-	YNL181W	vermutlich eine Oxidoreduktase	1223	46,5	46
UAF30	YOR295W	eine von 6 ATPasen der 19S Regulationspartikel des 26S Proteasoms, involviert im Abbau von ubiquitinierten Substraten, benötigt für Spindelkörper Verdoppelung, lokalisiert hauptsächlich am Nucleus	686	26,0	45
NOB1	YOR056C	Protein des Zellkerns, benötigt für die Reifung	1379	51,7	43

		des Proteasoms und der Synthese der 40S ribosomalen Untereinheit, benötigt für die Spaltung der 20S pre-rRNA zur reifen 18S rRNA			
SKT5	YBL061C	Aktivator der Chitin Synthase III, rekrutiert Chs3p zur Knospungsstelle durch Interaktion mit Bni4p, Ähnlichkeit zu Shc1p, dass das Chs3p bei der Sporulation aktiviert	2090	77,1	43
-	YOR052C	Protein des Zellkerns mit unbekannter Funktion, Expression hervorgerufen durch Stickstoff-Limitierung	452	16,7	42
SSB1	YDL229W	cytoplasmatische ATPase als Ribosomen-assoziiertes Chaperon, interagiert mit J-Protein Partner Zuo1p, vermutlich in der Bildung neuer Polypeptid-Ketten involviert, Mitglied der HSP70 Familie, interagiert mit der Phosphatase-Untereinheit Reg1p	1841	66,6	42
CDC5	YMR001C	Polo-ähnliche Kinase mit Ähnlichkeit zur *Xenopus* Plx1 und *S. pombe* Plo1p, gefunden an der Knospungsstelle, im Zellkern und den *Spindle Pole Bodies* (SPBs), multiple Funktionen bei der Mitose und der Cytokinese, könnte ein Substrat fur Cdc28p sein	2117	81,0	41
RFC4	YOL094C	Untereinheit des heteropentamerischen Replikationsfaktors C (RF-C), DNA-Bindeprotein und ATPase, das als Belader des *proliferating cell nuclear antigen* (PCNA) Prozessionsfaktor für die DNA Polymerasen	971	36,1	40

		delta und epsilon dient			
CBP6	YBR120C	mitochondrialer Translationsaktivator der COB mRNA	488	18,7	40

Die 66 kDa-Probe wurde mehrfach gemessen und die erstellte Tabelle stellt eine Auswahl der interagierenden Proteine mit einem *Score* ab 40 dar. Alle weiteren Proteine finden sich in Tab.8-1 des Anhangs. Die Pyruvatkinase Cdc19p und die cytoplasmatischen Chaperone Ssb1p und Ssb2p wurden mehrfach nachgewiesen.

Um diese Ergebnisse zu verifizieren und mögliche weitere Interaktionspartner zu finden, wurde die Aufreinigung mit 3 L Zellkulturvolumen wiederholt. Diese Zellkultur wurde bis zu einer OD_{600} von 1,8 wachsen gelassen. Die erhaltenen Proben wurden auf ein SDS-Polyacrylamidgel aufgetragen und das Gel anschließend mit Silbernitrat angefärbt.

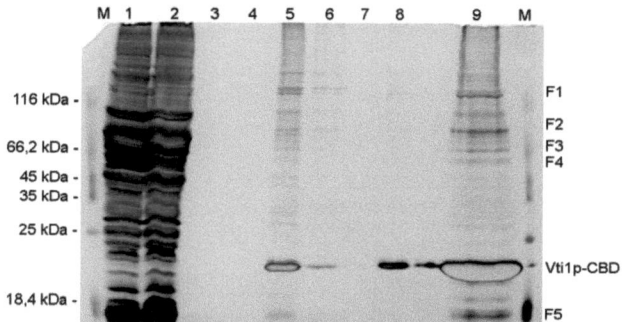

Abb.4-15 Silbernitrat-gefärbtes Polyacrylamid-Gel einer Aufreinigung von Vti1p-TAP.
Aufgetragen wurden in Spur 1 eine Probe des Zellkulturüberstands, in Spur 2 ungebundene Proteine der ersten Säule, in Spur 3 die Puffer E-Waschfraktion, in Spur 4 die TEV-Puffer Waschfraktion, in Spur 5 das Eluat der ersten Säule nach TEV-Protease-Inkubation, in Spur 6 ungebundene Proteine der zweiten Säule, in Spur 7 die Calmodulin-Bindungspuffer Waschfraktion, in Spur 8 das Eluat nach vollständiger Aufreinigung und in Spur 9 das Chloroform/MeOH-präzipitierte Eluat. Die Proben F1 bis F5 wurden zur weiteren Analyse ausgeschnitten.

Die mit F1 bis F5 bezeichneten Proteine wurden für die weitere massenspektrometrische Untersuchung ausgeschnitten und analog zu der vorherigen TAP-Aufreinigung weiterverarbeitet. Probe F1 hatte ein

Molekulargewicht von 116 kDa, bei Probe F2 betrug das Gewicht 70 kDa, Probe F3 verfügte über ein Molekulargewicht von 66 kDa, Probe F4 konnte bei 58 kDa nachgewiesen werden und Probe F5 wies ein Gewicht von 15 kDa auf. Die erhaltenen Interaktionspartner in den Proben F1 und F5 finden sich im Anhang (Tab.8-2 und 8-4).

Vti1p aus Spur 8 wurde ebenfalls aus dem Gel ausgeschnitten, um die massenspektrometrischen Messungen zu überprüfen.

Aus den Massenspektren und der anschließenden Datenbankabfrage konnten aus den Proben F2 und F4 zwei weitere potenzielle Interaktionspartner gefunden werden. Dabei handelt es sich um YJL082W aus Probe F2 und YOL045W aus Probe F4 (s. Tab.4-7 und 4-8).

Tab.4-7 Interaktionspartner mit Vti1p in der Probe F2 (70 kDa).

70 kDa-Probe					
Interaktionspartner		Beschreibung	Sequenz [bp]	Molekulargewicht [kDa]	Score
Standard Name	Systematischer Name				
ATP2	YJR121W	β-Untereinheit des F1 Sektors der mitochondrialen F1F0 ATP-Synthase, evolutionär konservierter Enzymkomplex zur ATP-Synthese	1535	54,8	50
IML2	YJL082W	unbekannte Funktion, detektiert in Mitochondrien	2195	82,5	31

Tab.4-8 Interaktionspartner mit Vti1p in der Probe F4 (58 kDa).

58 kDa-Probe					
Interaktionspartner		Beschreibung	Sequenz [bp]	Molekulargewicht [kDa]	Score
Standard Name	Systematischer Name				
HEM15	YOR176W	Ferrochelatase, lokalisiert an der inneren Mitochondrienmembran, katalysiert Insertion von Eisen in Protoporphyrin IX	1181	44,6	60

4 Ergebnisse

ERP6	YGL002W	Protein mit Ähnlichkeiten zu Emp24p und Erv25p, Mitglied der p24-Familie, involviert im ER zum Golgi Transport, detektiert in Mitochondrien	650	25,3	53
PSK2	YOL045W	Serin/Threonin-Proteinkinase mit PAS-Domäne, an der Regulation des Zuckermetabolimus beteiligt, phosphoryliert Ugp1p und Gsy2p (Zuckermetabolismus), sowie Caf20p, Tif11p und Sro9p (Translation)	3305	124,4	46
AIM23	YJL131C	Protein mit unbekannter Funktion, detektiert in Mitochondrien	1070	41,5	41

Die Probe von Vti1p aus Spur 8 des Silbergels wurde separat massenspektrometrisch untersucht.

Tab.4-9 Nachweis von Vti1p zur Kontrolle der MALDI-TOF Analytik.

Kontrolle		Beschreibung	Sequenz [bp]	Molekular-gewicht [kDa]	Score
Standard Name	Systematischer Name				
VTI1	YMR197C	Protein involviert im cis-Golgi Membrantransport, v-SNARE interagiert mit zwei t-SNAREs, Sed5p und Pep12p, wird benötigt für unterschiedliche vakuoläre Proteintransportwege	653	24,7	40

Bei der Detektion der Vti1p-Kontrolle wurde nur der N-Terminus von Vti1p eingesetzt. Der *Score*-Wert bezog sich auf das komplette Vti1p. Anhand der Daten der MALDI-TOF Untersuchung konnten 43% der Aminosäuren des N-Terminus nachgewiesen werden.

Zur weiteren Verifizierung der erhaltenen Ergebnisse wurde die Aufreinigung von Vti1p-TAP erneut wiederholt. Eine 4 L Zellkultur wurde auf eine OD_{600} von ca. 1,1 angezogen und nach der etablierten TAP-Methode aufgereinigt.

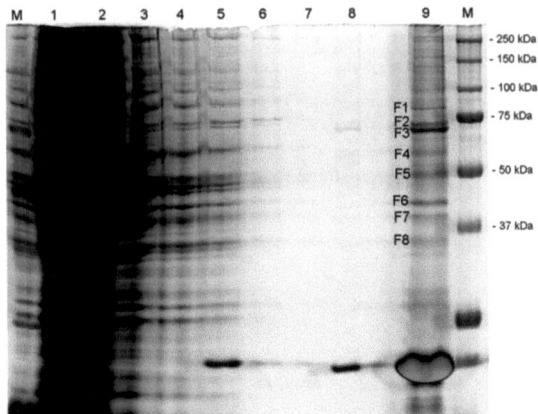

Abb.4-16 Silbernitrat-gefärbtes Polyacrylamid-Gel einer Aufreinigung von Vti1p-TAP.
Aufgetragen wurden in Spur 1 eine Probe des Zellkulturüberstands, in Spur 2 ungebundene Proteine der ersten Säule, in Spur 3 die Puffer E-Waschfraktion, in Spur 4 die TEV-Puffer Waschfraktion, in Spur 5 das Eluat der ersten Säule nach TEV-Protease-Inkubation, in Spur 6 ungebundene Proteine der zweiten Säule, in Spur 7 die Calmodulin-Bindungspuffer Waschfraktion, in Spur 8 das Eluat nach vollständiger Aufreinigung und in Spur 9 das Chloroform/MeOH-präzipitierte Eluat. Die Proben F1 bis F8 wurden zur weiteren Analyse ausgeschnitten.

Die Proben F1 bis F8 wurden aus dem SDS-Polyacrylamidgel ausgeschnitten und für die folgende massenspektrometrische Untersuchung mit Trypsin gespalten und aufgereinigt. Vermessen wurden Probe F1 (78 kDa), Probe F2 (72 kDa), Probe F3 (71 kDa), Probe F4 (66 kDa), Probe F5 (50 kDa), Probe F6 (45 kDa), Probe F7 (40 kDa) und Probe F8 (35 kDa). In Probe F1 konnte mit YKR001C ein weiterer Interaktionspartner des Vti1p identifiziert werden (s. Tab.4-10).

Tab.4-10 Interaktionspartner mit Vti1p in der Probe F1 (78 kDa).

78 kDa-Probe					
Interaktionspartner		Beschreibung	Sequenz [bp]	Molekular- gewicht [kDa]	Score
Standard Name	Systematischer Name				
SSE1	YPL106C	ATPase, Komponente des Hsp90 Chaperon Komplex, bindet ungefaltete Proteine, Mitglied der HSP70 Familie, im Cytoplasma lokalisiert	2081	77,4	88

VPS1	YKR001C	Dynamin-ähnliche GTPase, benötigt für den Transport in die Vakuole, involviert bei der Organisation des Aktin-Zytoskelett, beteiligt an der späten Golgi-Retention einiger Proteine, reguliert Peroxisomen Biogenese	2114	78,7	44

Die Interaktionspartner der Proben F2, F3, F5, F6, F7 und F8 sind in den Tabellen 8-5 bis 8-11 dargestellt.

Zusammenfassend konnten fünf potenzielle Interaktionspartner des N-Terminus von Vti1p nachgewiesen werden. Eine nähere Charakterisierung erfolgte durch HA-*tagging* der Proteine und nachfolgenden Western Blot, sowie über einen Yeast-2-Hybrid-Wechselwirkungsassay.

Tab.4-11 Zusammenfassung der Interaktionspartner mit Vti1p.

Interaktionspartner		Beschreibung	Sequenz [bp]	Molekulargewicht [kDa]	Score
Standard Name	Systematischer Name				
-	YCL058W-A	Protein mit unbekannter Funktion, Homologie in *Ashbya gossypii*	341	12,7	76
IRC19	YLL033W	Protein mit unbekannter Funktion, Mutante zeigt Defekte in der Sporulation	692	27,4	59
PSK2	YOL045W	Serin/Threonin-Proteinkinase mit PAS-Domäne, an der Regulation des Zuckermetabolismus beteiligt, phosphoryliert Ugp1p und Gsy2p (Zuckermetabolismus), sowie Caf20p, Tif11p und Sro9p (Translation)	3305	124,4	46
VPS1	YKR001C	Dynamin-ähnliche GTPase, benötigt für den Transport in die Vakuole, involviert bei der Organisation des Aktin-Zytoskelett, beteiligt an der späten Golgi-Retention	2114	78,7	44

		einiger Proteine, reguliert Peroxisomen Biogenese			
IML2	YJL082W	unbekannte Funktion, detektiert in Mitochondrien	2195	82,5	31

4.1.4 Nachweis der Interaktion von Vti1p mit YCL058W-A und YLL033W

4.1.4.1 HA-*tagging* und Western Blot von YCL058W-A und YLL033W

Für den Nachweis einer Protein-Protein-Interaktion zwischen Vti1p und YCL058W-A bzw. YLL033W *in vivo* wurden beide Interaktionspartner über eine PCR mit einem 3HA-*tag* versehen. Hierzu wurde durch homologe Rekombination das 3HA-*tag* mithilfe von langen Primern, die komplementär zum Ziel-Gen waren, als auch die Sequenz für das 3HA-tag enthielten, an die Ziel-Gene angefügt und genomisch integriert. Vom Plasmid pFA6a-3HA-TRP1 wurde das 3HA-*tag* und der TRP1-Selektionsmarker mithilfe von langen Primern amplifiziert. Über homologe Rekombination wurde die für das HA-*tag* kodierende Sequenz vor dem Stopp-Codon des Zielgens, zusammen mit dem Selektionsmarker, genomisch integriert.

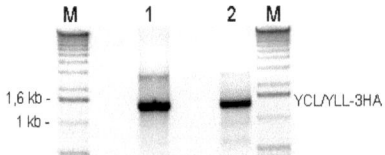

Abb.4-17 PCR-Produkt von YCL058W-A und YLL033W zum Markieren mit einem dreifachen HA-*tag*. Als Primer wurden die Kombinationen IRC19-F2/IRC19-R1 und YCL58-F2/YCL58-R1 gewählt. Das Plasmid pFA6a-3HA-TRP1 diente als *Template* zum C-terminalen Anfügen des 3HA-*tags*. In Spur 1 wurde das Produkt YLL033W-3HA aufgetragen, in Spur 2 lief das Produkt YCL058W-A-3HA. Beide PCR-Produkte zeigten eine Länge von 1,38 kb.

Die PCR-Produkte wurden anschließend über eine Lithiumacetat-Transformation in den Vti1p-TAP exprimierenden Hefestamm SSY4 (MAY5) transformiert.

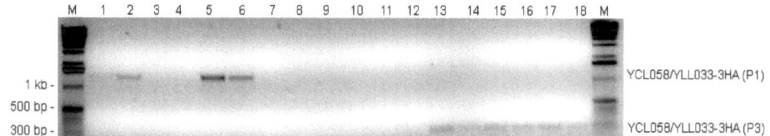

Abb.4-18 *colony*-PCR mit genomischer Hefe-DNA zur Detektion von YLL033-3HA und YCL058-3HA. Aufgetragen wurde in Spur 1 die PCR-Produkte von YCL-Klon 1, in Spur 2 YCL-Klon 2, in Spur 3 YCL-Klon 3, in Spur 4 YLL-Klon 1, in Spur 5 YLL-Klon 2, in Spur 6 YLL-Klon 3 mit der Primerkombination P1 YCL58-R1/F2 und IRC19-R1/F2, in Spur 7 die PCR-Produkte von YCL-Klon 1, in Spur 8 YCL-Klon 2, in Spur 9 YCL-Klon 3, in Spur 10 YLL-Klon 1, in Spur 11 YLL-Klon 2, in Spur 12 YLL-Klon 3 mit der Primerkombination P2 YCL58-R1/YCL58 VPf und IRC19-R1/IRC19 Vpf, in Spur 13 die PCR-Produkte von YCL-Klon 1, in Spur 14 YCL-Klon 2, in Spur 15 YCL-Klon 3, in Spur 16 YLL-Klon 1, in Spur 17 YLL-Klon 2, in Spur 18 YLL-Klon 3 mit der Primerkombination P3 YCL58-F2/HAr und IRC19-F2/HAr. Das PCR-Produkt der Primerkombination P1 zeigte eine Länge von 1,3 kb, das Produkt der Primerkombination P3 ein Länge von 340 bp.

Aus Abb.4-18 ist zu erkennen, dass die Klone YCL-1 und -2, sowie YLL-2 und -3 positiv für das jeweilige HA-getaggte Protein waren. Die Primerkombination P2 (YCL58-R1/YCL58 VPf und IRC19-R1/IRC19 VPf) lieferte keine Produkte. Der Klon YCL-2 wurde als MAY28 und Klon YLL-2 als MAY19 in die Stammsammlung aufgenommen.

Die Expression von YCL058-3HA und YLL033-3HA wurde durch eine Thorner-Proteinextraktion und nachfolgender Western Blot-Analyse überprüft.

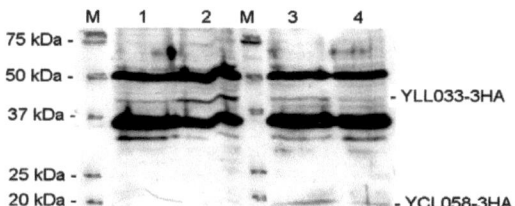

Abb.4-19 Western Blot der Expression von YCL058-3HA in MAY5. Aufgetragen wurden in Spur 1 YLL033-3HA Klon 1, in Spur 2 YLL033-3HA Klon 3, in Spur 3 YCL058-3HA Klon 2 und in Spur 4 YCL058-3HA Klon 3. Entwickelt wurde der Blot mit dem m-α-HA-Antikörper.

Anhand des Blots konnte gezeigt werden, dass YCL058-3HA erfolgreich exprimiert werden konnte (in Spur 3 und 4). Das rekombinante Protein konnte mit einem Molekulargewicht von ca. 19 kDa nachgewiesen werden. YLL033-3HA konnte bei Klon 3 (Spur 2) als Bande bei ca. 40 kDa nachgewiesen werden (berechnetes MW: 33,9 kDa).

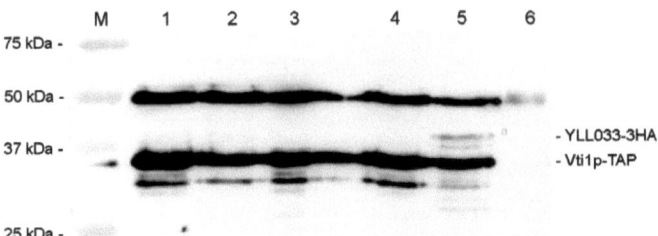

Abb.4-20 Western Blot der Expression von YLL033-3HA in MAY5. Aufgetragen wurden in Spur 1 YLL033-3HA Klon 1, in Spur 2 YLL033-3HA Klon 2, in Spur 3 YLL033-3HA Klon 3, in Spur 4 YLL033-3HA Klon 5, in Spur 5 YLL033-3HA Klon 8 und in Spur 6 eine SSY4 pYX-TAP Probe als Negativ-Kontrolle. Entwickelt wurde der Blot mit dem m-α-HA-Antikörper.

Das berechnete Molekulargewicht betrug für YLL033W-3HA 33,9 kDa. Anhand des Blots ist ersichtlich, dass Klon 8 YLL033W-3HA im MAY5-Hefestamm exprimiert (Spur 5). Die Bande bei 50 kDa wurde durch eine unspezifische Bindung des m-α-HA-Antikörpers hervorgerufen, weil diese auch in der Negativ-Kontrolle sichtbar ist.

Um die Interaktionspartner YCL058W-A-3HA und YLL033W-3HA in Verbindung mit Vti1p-TAP anzureichern, wurde jeweils eine Aufreinigung gemäß der TAP-Methode durchgeführt.

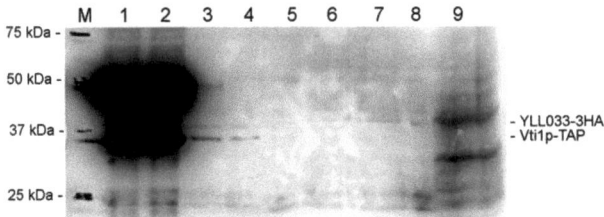

Abb.4-21 Western Blot der TAP-Aufreinigung mit YLL033W-3HA. Nachweis von YLL033W-HA mit dem m-α-HA-Antikörper, aufgetragen wurden in Spur 1 eine Probe der löslichen Proteine des Zellkulturüberstands, in Spur 2 die ungebundenen Proteine der ersten Säule, in Spur 3 die Puffer E-Waschfraktion, in Spur 4 die TEV-Puffer Waschfraktion, in Spur 5 das Eluat der ersten Säule nach TEV-Protease Spaltung, in Spur 6 die ungebundenen Proteine der zweiten Säule, in Spur 7 das Eluat der zweiten Säule, in Spur 8 das präzipitierte Eluat der zweiten Säule und in Spur 9 eine Negativ-Kontrolle.

In Spur 8 und 9 des Western Blots konnte YLL033W-3HA als Bande bei ca. 40 kDa nachgewiesen werden. Zur weiteren Überprüfung dieses Ergebnisses wurde der Blot erneut mit einem Antikörper gegen Vti1p entwickelt.

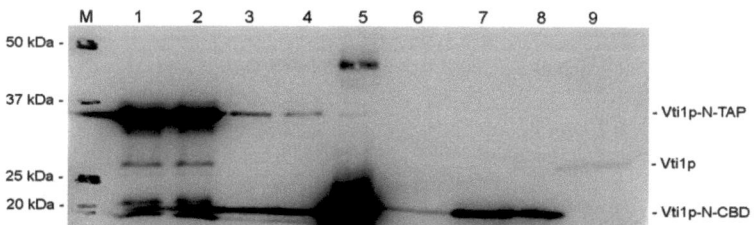

Abb.4-22 Western Blot der TAP-Aufreinigung mit YLL033W-3HA, entwickelt mit r-α-Vti1p Antikörper. Hierbei handelt es sich um denselben Blot aus Abb.4-21. Es wurde eine zweite Inkubation mit dem r-α-Vti1p Antikörper durchgeführt.

Auf dem Blot konnte kein YLL033W-3HA bei ca. 40 kDa nachgewiesen werden. Vti1p-N-TAP wurde mit einem Molekulargewicht von ca. 35 kDa nachgewiesen. Das Vti1p-CBD lag erwartungsgemäß bei ca. 20 kDa. In der Negativ-Kontrolle wurde natives Vti1p mit einem Molekulargewicht von ca. 26 kDa detektiert.

Mit Hilfe der Ergebnisse des Western Blots, der gegen die HA-markierte Variante von YLL033W entwickelt wurde, konnte gezeigt werden, dass YLL033W an den N-Terminus von Vti1p schwach bindet.

Analog zu der 3HA-Markierung von YLL033W wurde YCL058W-A in den Vti1p-TAP exprimierenden SSY4-Stamm als MAY28 transformiert und anschließend eine TAP-Aufreinigung durchgeführt.

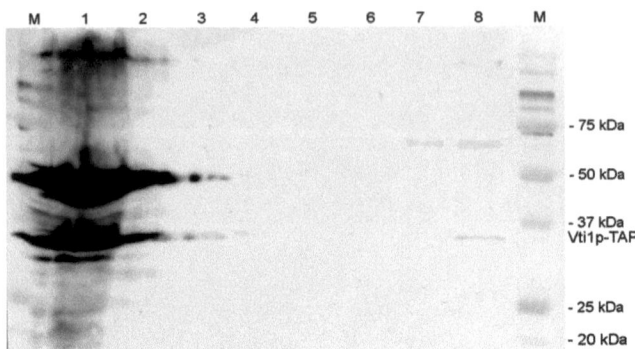

Abb.4-23 Western Blot der TAP-Aufreinigung mit YCL058W-A-3HA. Aufgetragen wurden in Spur 1 die ungebundenen Proteine der ersten Säule, in Spur 2 die Puffer E Waschfraktion, in Spur 3 die TEV-Puffer Waschfraktion, in Spur 4 das Eluat der ersten Säule nach Inkubation mit TEV-Protease, in Spur 5 ungebundene Proteine der zweiten Säule, in Spur 6 die Calmodulin Bindepuffer Waschfraktion, in Spur 7 das Eluat der zweiten Säule und in Spur 8 das präzipitierte Eluat der zweiten Säule. Entwickelt wurde der Blot mit dem m-α-HA-Antikörper.

Im Blot konnte keine eindeutige Expression von YCL058W-A-3HA gezeigt werden. Es war kein Protein mit einem Molekulargewicht von ca. 19 kDa nachweisbar. Die Expression des Proteins war für einen Nachweis vermutlich zu gering, daher wurde das Protein in ein cen-Plasmid mit starkem Promotor eingebracht, um die Expression zu erhöhen (s. Abschnitt 4.1.5).

Zur Überprüfung der prinzipiellen Methode eine Interaktion mit Vti1p über das TAP-*tag* im Cytosol *in vivo* nachzuweisen, wurde der Blot mit einem Antikörper gegen Ent3p, einem direkten Interaktionspartner des N-Terminus von Vti1p, entwickelt. Frühere Untersuchungen zeigten eine Interaktion zwischen Vtip und Ent3p über einen Y-2-H-Assay und einen *in vitro pull-down*-Assay (Chidambaram et al., 2004). Dagegen konnte eine *in vivo* Interaktion im Cytosol durch eine Co-Immunopräzipitation bisher nicht nachgewiesen werden. Durch eine TAP-Aufreinigung und einer anschließenden Co-Immunopräzipitation konnte eine Interaktion zwischen Ent3p und Vti1p *in vivo* gezeigt werden (s. Abb.4-24).

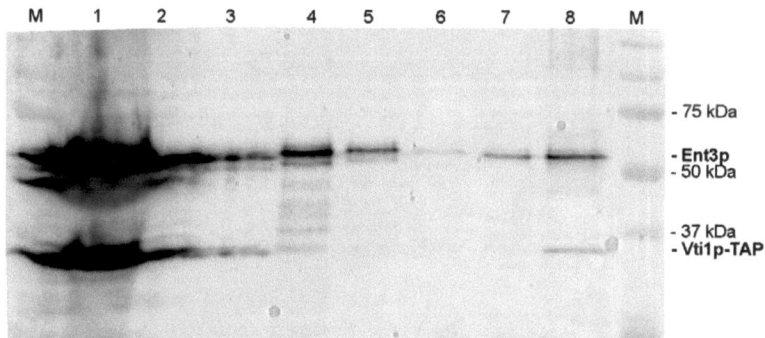

Abb.4-24 Western Blot der TAP-Aufreinigung von YCL058W-A-3HA, entwickelt mit dem r-α-Ent3p Antikörper. Gezeigt ist der Blot aus Abb.4-23 nach der zweiten Inkubation mit dem r-α-Ent3p Antikörper.

Durch den Nachweis einer Interaktion zwischen Vti1p und Ent3p auf dem Western Blot bei ca. 55 kDa konnte gezeigt werden, dass die angewandte Methode prinzipiell funktioniert. Zur genaueren Charakterisierung der vermuteten Wechselwirkung zwischen Vti1p und YCL058W-A wurde der Kandidat in andere Expressionsplasmide kloniert (s. Abschnitt 4.1.5).

4.1.4.2 Yeast-2-Hybrid-Interaktionen von YCL058W-A und YLL033W

Für eine Untersuchung der Interaktionen zwischen Vti1p und YCL058W-A und YLL033W *in vivo* wurde für beide Proteine ein Yeast-2-Hybrid Assay durchgeführt. Zunächst wurde über eine PCR Schnittstellen für die Restriktionsenzyme *EcoRI/BamHI* in die Sequenz für YCL058W-A und YLL033W eingefügt und anschließend in den *prey*-Vektor pVP16-3 kloniert.

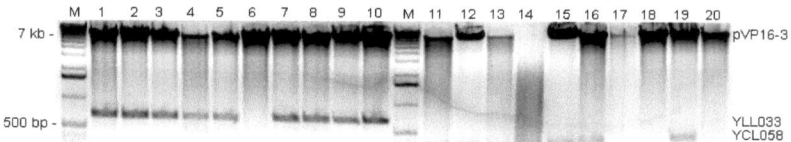

Abb.4-25 Spaltung von YLL033-pVP16 und YCL058-pVP16 Klonen mit *EcoRI/BamHI*. pVP16-3 zeigt eine Länge von 7,5 kb, YLL033 hat eine Sequenz von 692 bp und YCL058 eine

Produktlänge von 342 bp.

Für die nachfolgende Transformation in den L40-Hefestamm mit Vti1p im pLexN-*bait* Vektor wurden die Klone YLL033-pVP16 Nr. 2 (Spur 2) als pMA 17 und YCL058-pVP16 Nr. 6 (Spur 16) als pMA18 ausgewählt. Die erhaltenen Hefemutanten wurden als MAY20 (YLL033-pVP16) und MAY24 (YCL058-pVP16) bezeichnet.

Als Negativ-Kontrolle wurden die beiden Y-2-H-Konstrukte in L40-Stämme eingebracht, die jeweils Pep12p in pLexN und Syn8p in pLexN tragen. Als Positiv-Kontrolle wurde ein L40-Stamm verwendet, der Vti1p in pLexN und Ent3p in pVP16-3 trägt.

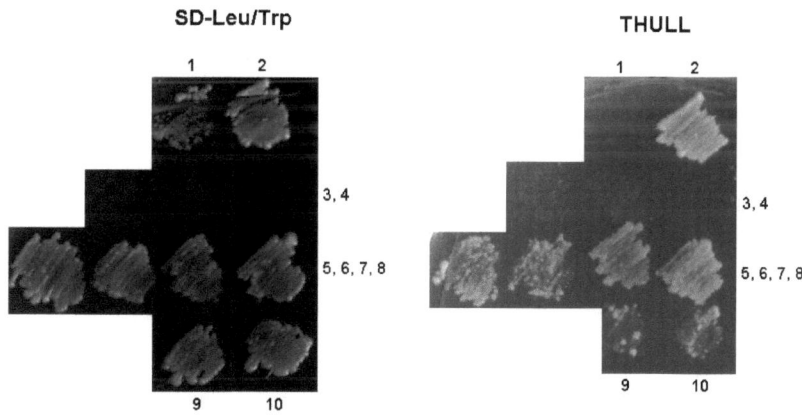

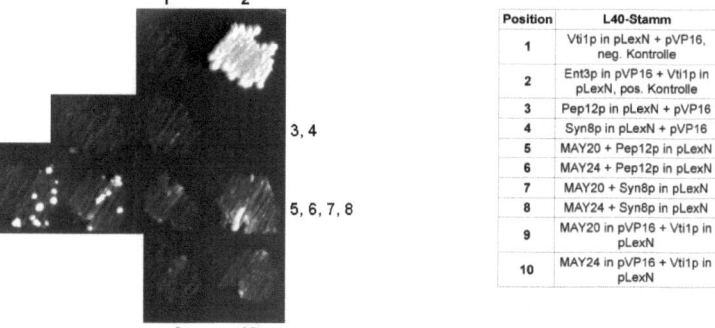

Position	L40-Stamm
1	Vti1p in pLexN + pVP16, neg. Kontrolle
2	Ent3p in pVP16 + Vti1p in pLexN, pos. Kontrolle
3	Pep12p in pLexN + pVP16
4	Syn8p in pLexN + pVP16
5	MAY20 + Pep12p in pLexN
6	MAY24 + Pep12p in pLexN
7	MAY20 + Syn8p in pLexN
8	MAY24 + Syn8p in pLexN
9	MAY20 in pVP16 + Vti1p in pLexN
10	MAY24 in pVP16 + Vti1p in pLexN

Abb.4-26 Yeast-2-Hybrid Assay von YLL033W-pVP16 und YCL058W-A-pVP16. Die mit den entsprechenden *prey-* und *bait-*Vektoren transformierten L40-Stämme wurden auf SD-Leu/Trp und THULL + 2mM 3-AT Platten ausgestrichen und für 3 Tage bei 30°C inkubiert. Hefe-Klon MAY20: L40 mit YLL033W in pVP16; Hefe-Klon MAY24: L40 mit YCL058W-A in pVP16.

Aus den Ergebnissen des Y-2-H Assays konnte gezeigt werden, dass eine schwache Interaktion zwischen YLL033- und YCL058-pVP16 und Vti1p-pLexN besteht, sichtbar auf der THULL und THULL + 2mM 3-AT Platte. Zusätzlich sichtbar ist eine stärkere Wechselwirkung zwischen YLL033- und YCL58-pVP16 mit Syn8p- und Pep12p-pLexN. Die Negativ-Kontrollen Vti1p in pLexN, Pep12p in pLexN + pVP16 und Syn8p in pLexN + pVP16 zeigten erwartungsgemäß kein Wachstum auf der THULL und der THULL + 2 mM 3-AT Agarplatte. Eine spezifische Interaktion zwischen YLL033W und YCL058W-A mit Vti1p konnte nachgewiesen werden. In einem vorherigen Y-2-H Assay konnte gezeigt werden, dass die Hefemutanten L40 mit Pep12p in pLexN + pVP16 und L40 mit Syn8p in pLexN + pVP16 auf der SD-Leu/Trp-Agarplatte wachsen.

4.1.5 Optimierung der N-terminalen Vti1p Wechselwirkung mit YCL058W-A

Aufgrund der schwachen Produktion von YCL058W-A wurde dieses Protein in den Vektor pYX142 umkloniert. Die Expression von Fremdprotein steht in diesem cen-Plasmid unter der Kontrolle des TPI-Promoters, um eine stärkere Expression des YCL058W-A zu ermöglichen.

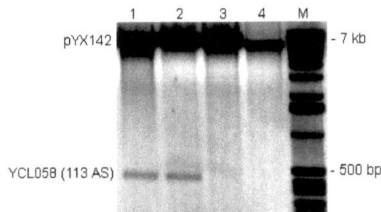

Abb.4-27 Kontrollrestriktion der Umklonierung von YCL058W-A in pYX142 mit Ncol und Sall. YCL058W-A zeigte eine Sequenzlänge von 340 bp, pYX142 hatte eine Länge von 6,9 kb.

Der Klon der Spur 2 des Gels wurde als pCP14 bezeichnet und für eine nachfolgende *Plate*-Transformation in den BYΔycl058c-Stamm ausgewählt.

Eine Datenbankrecherche stellte fest, dass YCL058W-A zusammen mit YCL058C auf demselben DNA-Bereich, jedoch auf zwei verschiedenen Strängen kodiert wurde. Für YCL058W-A liegen hier zwei Methionine im Leserahmen vor, die zwei Proteine transkribieren können. Diese beiden Proteine wurden auf ihre Interaktion mit Vti1p getestet, in dem eine verlängerte Variante des YCL058W-A erzeugt wurde. Diese Variante ist das YCL058W-A-long mit 132 Aminosäuren und die zweite Form ist das YCL058W-A mit 113 Aminosäuren. Nach Konsultation der Literatur scheint die Produktion der kürzeren Variante YCL058W-A wahrscheinlicher.

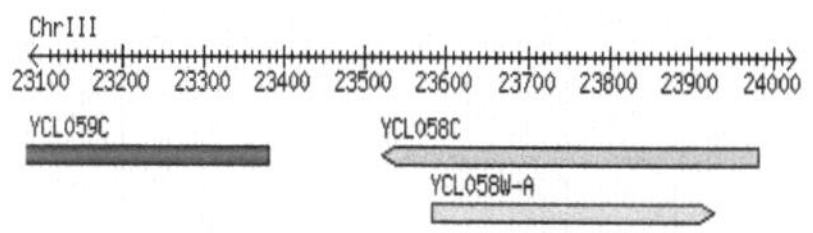

4 Ergebnisse

ChrIII
23100 23200 23300 23400 23500 23600 23700 23800 23900 24000
YCL059C   YCL058C
          YCL058W-A

Abb.4-28 Kodierung von YCL058C und YCL058W-A auf dem Chromosom III von *S.cerevisae* (Quelle: www.yeastgenome.org).

Um die gesamte Sequenz des Proteins zu erfassen, wurde die, bis zum ersten Methionin *upstream* verlängerte Version von YCL058W-A, Variante YCL058W-A-long in den Vektor pYX142 kloniert.

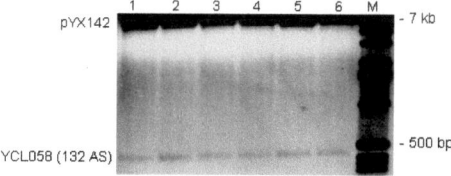

Abb.4-29 Spaltung von YCL058W-A-long in pYX142 mit *BamHI/SalI*. YCL058W-A-long wies eine Länge von 396 bp auf, pYX142 lieferte eine Produktlänge von 6,9 kb.

Für die weitere Transformation wurde der Klon aus Spur 2 als pCP18 ausgewählt. Dieser Klon wurde analog in den Stamm BYΔycl058c transformiert.

Um eine möglichst hohe Expression des YCL058W-A-long-3HA zu bekommen, wurde das Protein in den 2μ-Vektor pYX242 kloniert. Hierzu wurde zunächst eine PCR mit der genomischen DNA des Hefestamms MAY28, der YCL058W-3HA genomisch integriert exprimiert, als *Template* und der Primerkombination YCLL f/ HAr Sal durchgeführt. Nach einer Ligation in den pGEMT-easy Vektor erfolgte die Umklonierung in den Vektor pYX242.

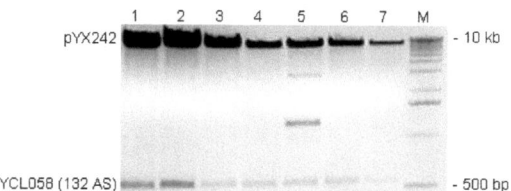

Abb.4-30 Kontrollrestriktion von YCL058W-A-long-3HA in pYX242 mit *EcoRI/SalI*. YCL058W-A-long-3HA wies eine Sequenzlänge von 485 bp auf, pYX242 hatte eine Produktlänge von 9,5 kb.

Der Klon der Spur 1 wurde als pCP17 bezeichnet und über eine *Plate-Transformation* in den Hefestamm BYΔycl058c eingebracht. Mit den erzeugten Konstrukten wurden ein Wachstumstest durchgeführt, um zu überprüfen, ob die kürzere 113 AS-Form des YCL058 ausreicht, die Wachstumsdefekte der Deletionsmutante zu komplementieren, oder ob hierzu die verlängerte 132 AS-Form benötigt wird.

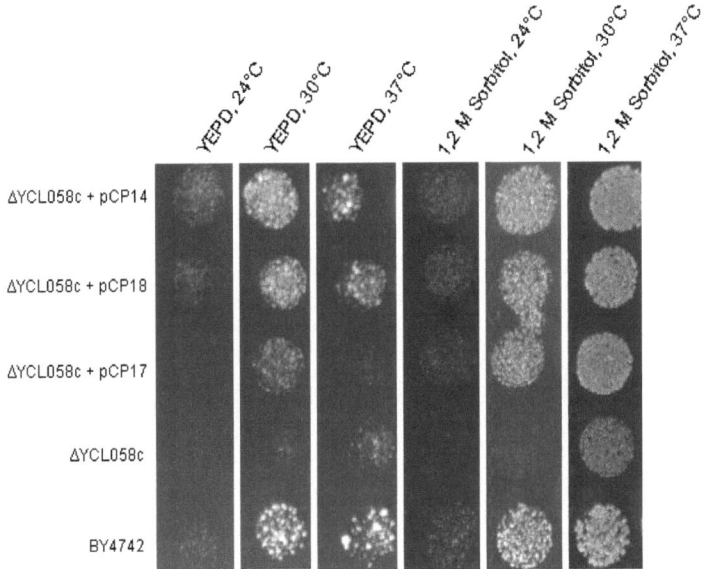

Abb.4-31 Wachstumstest nach 48h mit BYΔycl058c + YCL058W-A in pYX142 (pCP14), BYΔycl058c + YCL058W-A-long in pYX142 (pCP18), BYΔycl058c + YCL058W-A-long-3HA in pYX242 (pCP17), BYΔycl058c als Negativ-Kontrolle und BY4742 als Positiv-Kontrolle. Der Test wurde bei Temperaturen von 24°C, 30°C und 37°C, sowie auf YEPD- und YEPD + 1,2 M Sorbitol durchgeführt.

Der Klon YCL058W-A-long-3HA in pYX242 (pCP17) zeigte im Vergleich zu den anderen Konstrukten ein langsameres Wachstum auf der YEPD-Platte, aber bei 30°C ein schnelleres Wachstum als die Deletionsmutante BYΔycl058c. Er zeigte auf YEPD + 1,2 M Sorbitol eine ähnliche Wachstumsgeschwindigkeit wie die anderen Hefeklone. Alle drei Plasmide sind in der Lage, den Wachstumsdefekt der Deletion Δycl058c zu komplementieren.

Um die verlängerte Variante des YCL058W-A-3HA auch für eine TAP-

Aufreinigung in dem Hefestamm SSY4(Vti1p-TAP) zu nutzen, wurde das Konstrukt in den Vektor pYX112 umkloniert. Dieser Vektor ermöglichte eine Selektion positiver Klone auf SD-Leu/Ura-Medium.

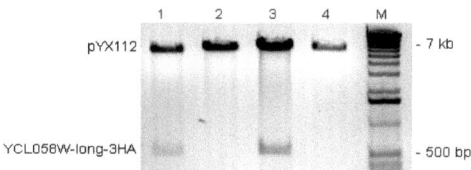

Abb.4-32 Restriktion von YCL058W-A-long-3HA in pYX112 mit *EcoRI/SalI*. YCL058W-A-long-3HA zeigte eine Produktlänge von 600 bp, pYX112 eine Sequenzlänge von 6,5 kb.

Nach der *Plate*-Transformation des Klons aus Spur 3 (pCP20) wurde die Produktion von YCL058W-A-long-3HA anhand eines Western Blots überprüft.

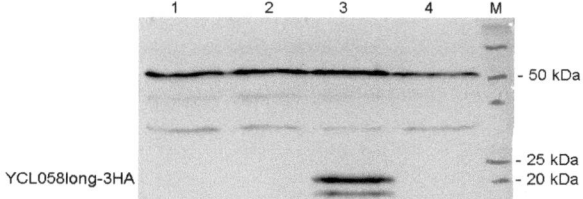

Abb.4-33 Western Blot der Expression von YCL058W-A-long-3HA. Aufgetragen wurden in Spur 1 Proteinextrakte von BYΔycl058c + YCL058W-A in pYX142 (pCP14), in Spur 2 BYΔycl058c + YCL058W-A-long in pYX142 (pCP18), in Spur 3 YCL058W-A-long-3HA in pYX112 (pCP20), in Spur 4 BYΔycl058c als Negativ-Kontrolle. Entwickelt wurde der Blot mit dem m-α-HA-Antikörper.

Das Ergebnis des Blots zeigte, dass YCL058W-A-long-3HA mit einem Molekulargewicht von 20 kDa nachgewiesen werden konnte. Aufgrund der unspezifischen Bindung des m-α-HA-Antikörpers wurde zusätzlich eine Bande bei ca. 50 kDa sichtbar.

Für die weitere Analyse einer Interaktion von YCL058W-A-long-3HA mit Vti1p-TAP wurde eine TAP-Aufreinigung durchgeführt. Die erhaltenen Proteinproben konnten mithilfe eines weiteren Western Blots analysiert werden.

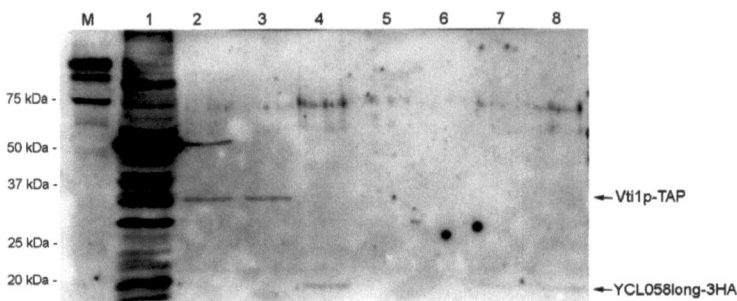

Abb.4-34 Western Blot der TAP-Aufreinigung von YCL058W-A-long-3HA in SSY4 (Vti1p-TAP). Es wurden folgende Proben aufgetragen: in Spur 1 die ungebundenen Proteine der ersten Säule, in Spur 2 die Puffer E-Waschfraktion, in Spur 3 die TEV-Puffer-Waschfraktion, in Spur 4 das Eluat der ersten Säule, in Spur 5 die ungebundenen Proteine der zweiten Säule, in Spur 6 die Calmodulin Bindungspuffer-Waschfraktion, in Spur 7 das Eluat der zweiten Säule und in Spur 8 das präzipitierte Eluat der zweiten Säule. Entwickelt wurde der Blot mit einem m-α-HA-Antikörper.

Das Fusionsprotein YCL058W-A-long-3HA konnte in den Spuren 4, 7 und 8 mit einem Molekulargewicht von ca. 20 kDa schwach nachgewiesen werden. Eine eindeutige Anreicherung von YCL058W-A-long-3HA konnte nicht gezeigt werden. Zur Verifizierung der Ergebnisse der m-α-HA-Antikörper Entwicklung wurde der Blot mit dem m-α-Vti1p-Antikörper inkubiert.

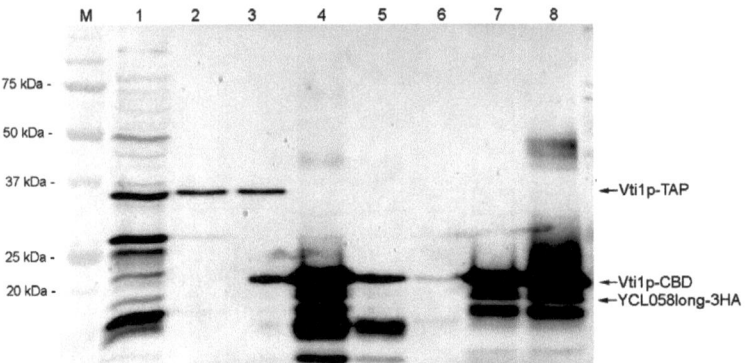

Abb.4-35 Western Blot der TAP-Aufreinigung von YCL058W-A-long-3HA in SSY4(Vti1p-TAP). Auftragung s. Abb.4-24, entwickelt wurde mit dem m-α-Vti1p-Antikörper.

Die Ergebnisse der zweiten Blot-Entwicklung zeigten, dass YCL058W-A-long-3HA bei einem Molekulargewicht von ca. 20 kDa lokalisiert werden konnte, Vti1p-TAP zeigte ein Gewicht von ca. 36 kDa. Das Vti1p-CBD wurde mit einem

Molekulargewicht von ca. 23 kDa knapp oberhalb der Bande von YCL058W-A-long-3HA nachgewiesen.

Aus den Ergebnissen der Western Blot Analysen konnte gezeigt werden, dass eine schwache Bindung von YCL058W-A-long-3HA erfolgen konnte. Bei der Entwicklung des Blots mit dem m-α-Vti1p Antikörper war das YCL058W-A-long-3HA knapp unterhalb der Bande für Vti1p-CBD bei einem Molekulargewicht von ca. 20 kDa lokalisiert.

Um gezielt YCL058C zu untersuchen, wurde das Protein in den Vektor pYX142 kloniert. Hierzu wurden zunächst zwei Restriktionsschnittstellen über eine PCR eingefügt und anschließend die Sequenz für YCL058C in den Vektor pYX142 ligiert.

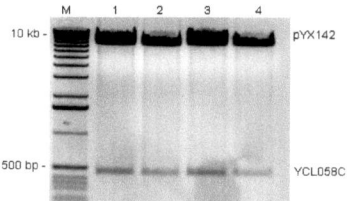

Abb.4-36 Klonierung von YCL058C in pYX142 über eine Restriktion mit *BamHI/SalI*.
YCL058C zeigte nach Restriktion eine Fragmentlänge von 460 bp, pYX142 lieferte ein DNA-Produkt bei 9,5 kb.

Der Klon der Spur 1 (pCP21) wurde für eine anschließende *Plate*-Transformation in den Hefestamm BYΔycl058c ausgewählt. Zur Untersuchung der Wachstumsgeschwindigkeit der *Rescue*-Mutante BYΔycl058c + YCL058C wurde ein Wachstumstest durchgeführt.

4 Ergebnisse

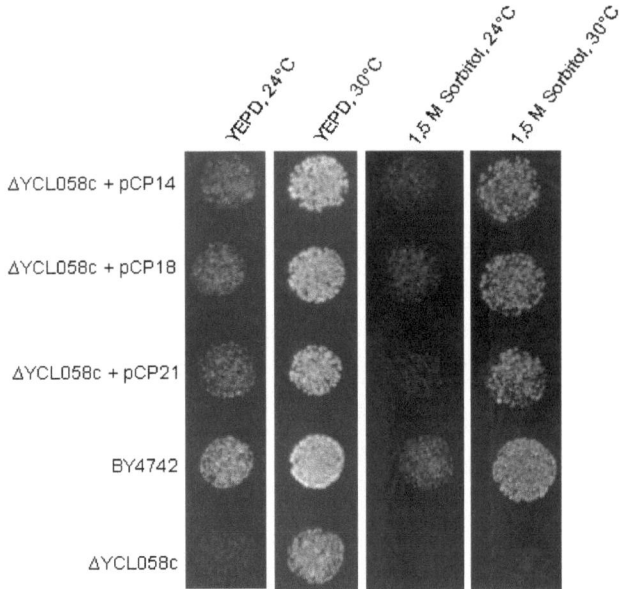

Abb.4-37 Wachstumstest nach 48h mit BYΔycl058c + YCL058W-A in pYX142 (pCP14), BYΔycl058c + YCL058W-A-long in pYX142 (pCP18), BYΔycl058c + YCL058C in pYX142 (pCP21), BYΔycl058c als Negativ-Kontrolle und BY4742 als Positiv-Kontrolle. Der Test wurde bei Temperaturen von 24°C und 30°C, sowie auf YEPD- und YEPD + 1,5 M Sorbitol durchgeführt.

Der Klon YCL058C in pYX142 (pCP21) zeigte im Vergleich zu den anderen Konstrukten ein ähnliches Wachstum auf der YEPD- und der YEPD + 1,5 M Sorbitol-Platte wie die anderen Klone. Deutlich erkennbar war, dass die Negativ-Kontrolle Δycl058c erwartungsgemäß am Langsamsten wächst und die Positiv-Kontrolle BY4742 am Schnellsten.

4.1.6 Nachweis der Interaktion von Vti1p mit YJL082W und YOL045W

Für den Nachweis einer Wechselwirkung des N-Terminus von Vti1p mit dem Interaktionspartner YJL082W wurde die Methode des Yeast-2-Hybrid Assays gewählt. Zuerst wurde die Sequenz des YJL082W über eine PCR mit Restriktionsschnittstellen versehen und in den prey-Vektor pVP16-3 kloniert.

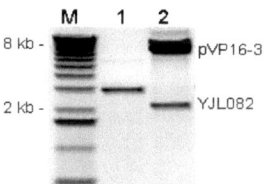

Abb.4-38 Klonierung von YJL082W in pVP16-3 über eine Restriktion mit BglII/SalI.
YJL082W zeigte ein DNA-Produkt bei 2,2 kb, pVP16-3 konnte mit einer Länge von 7,5 kb detektiert werden.

Für die nachfolgende *Plate*-Transformation in den L40-Hefestamm mit Vti1p im pLexN-*bait*-Vektor wurde der Klon YJL082W-pVP16 aus Spur 2 (pMA22) ausgewählt.

Zur Kontrolle wurde das Y-2-H-Konstrukt in zwei L40-Stämme eingebracht, die jeweils Pep12p in pLexN und Syn8p in pLexN tragen. Als Positiv-Kontrolle wurde ein L40-Stamm verwendet, der Vti1p in pLexN und Ent3p in pVP16-3 trägt.

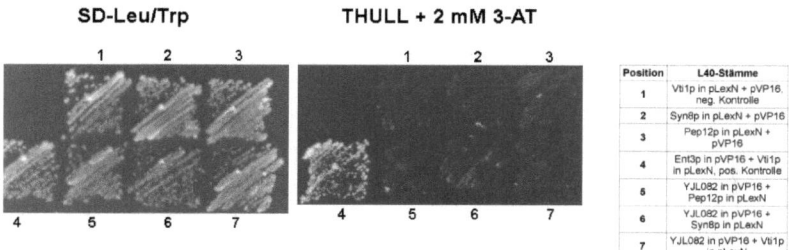

Abb.4-39 Yeast-2-Hybrid Assay von YJL082W-pVP16-3. Die mit den entsprechenden *prey*- und *bait*-Vektoren transformierten L40-Stämme wurden auf SD-Leu/Trp und THULL + 2mM 3-AT Platten ausgestrichen und für 3 Tage bei 30°C inkubiert.

Aus dem Y-2-H Assay ist ersichtlich, dass keine Interaktion zwischen YJL082W und Vti1p nachgewiesen werden konnte. Es ist kein Wachstum von L40 mit YJL082W in pVP16 und Vti1p in pLexN auf der THULL + 2 mM 3-AT Platte zu erkennen. Auf der THULL-Agarplatte konnte ebenfalls kein Wachstum nachgewiesen werden.

Eine Untersuchung der Interaktion zwischen Vti1p mit YOL045W über einen Y-2-H Assay konnte im Rahmen dieser Arbeit nicht durchgeführt werden.

4.1.7 Nachweis der Interaktion von Vti1p mit YKR001C (VPS1)

Zum Nachweis einer Wechselwirkung des N-Terminus von Vti1p mit dem Interaktionspartner VPS1 wurde ein Yeast-2-Hybrid Assay durchgeführt. Zuerst wurde die Sequenz von VPS1 über eine PCR mit Restriktionsschnittstellen versehen und in den *prey*-Vektor pVP16-3 kloniert.

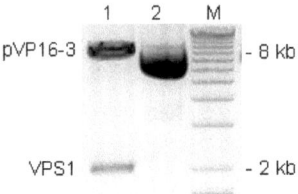

Abb.4-40 Klonierung von VPS1 in pVP16-3 über eine Spaltung mit *EcoRI/BglII*. VPS1 zeigte eine Produktlänge von 2,1 kb, die Länge des Spaltproduktes von pVP16-3 betrug 7,5 kb.

Für die anschließende *Plate*-Transformation in den L40-Hefestamm mit Vti1p im pLexN-*bait*-Vektor wurde der Klon VPS1-pVP16 aus Spur 1 (pCP24) ausgewählt.
Zur Kontrolle wurde das Y-2-H-Konstrukt in zwei L40-Stämme eingebracht, die jeweils Pep12p in pLexN und Syn8p in pLexN tragen. Als Positiv-Kontrolle wurde ein L40-Stamm verwendet, der Vti1p in pLexN und Ent3p in pVP16-3 trägt.

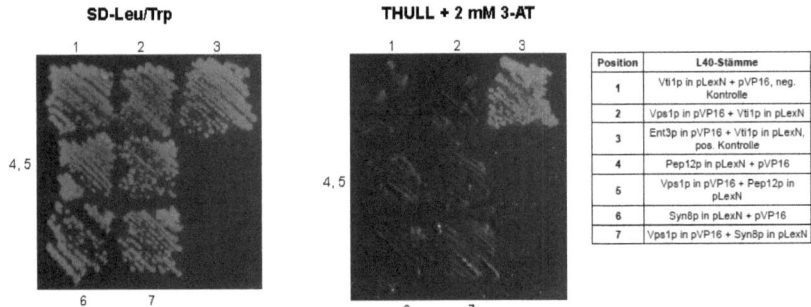

Abb.4-41 Yeast-2-Hybrid Assay von VPS1-pVP16-3. Die mit den entsprechenden *prey*- und *bait*-Vektoren transformierten L40-Stämme wurden auf SD-Leu/Trp und THULL + 2mM 3-AT Platten ausgestrichen und für 3 Tage bei 30°C inkubiert.

Anhand des Y-2-H-Assays ist ersichtlich, dass keine Interaktion zwischen Vps1p und Vti1p nachgewiesen werden konnte. Es ist kein eindeutiges Wachstum von L40 mit VPS1-pVP16-3 und Vti1p-pLexN auf der THULL + 2 mM 3-AT Platte erkennbar. Auch auf der THULL-Agarplatte konnte kein Wachstum nachgewiesen werden.

4.2 Lokalisierung des N-terminal trunkierten Qb-SNAREs Vti1p

4.2.1 Lokalisierung von Vti1p(Q116)-HA, Vti1p(M55)-HA und Vti1p(wt)-HA

Um zu untersuchen, ob der N-Terminus von Vti1p einen Einfluss auf die Lokalisierung innerhalb der Hefezelle hat, wurden N-terminal trunkierte Mutanten von Vti1p erzeugt und N-terminal mit einem 3x Hämagglutinin-A (3HA)-*tag* versehen. Die mutierten Proteine lagen bereits transformiert in Hefezellen vor. Folgende Klone wurden für die Lokalisierung verwendet:

Tab.4-12 N-terminale Vti1p-Mutanten

Stamm	Plasmid	Beschreibung	Sequenzlänge [bp]	Molekulargewicht [kDa]
SCY17	pBK167	Vti1p (AS M55 - K217) + 3HA	486	21,9
SCY16	pSC15	Vti1p (AS Q116 - K217) + 3HA	303	15,0
FVMY6	pfvm31	Vti1p (wt) + 3HA	653	28,0

Diese Klone wurden gemäß dem Protokoll zur Immunfluoreszenz-Mikroskopie vorbereitet und unter dem Fluoreszenzmikroskop betrachtet.

4 Ergebnisse

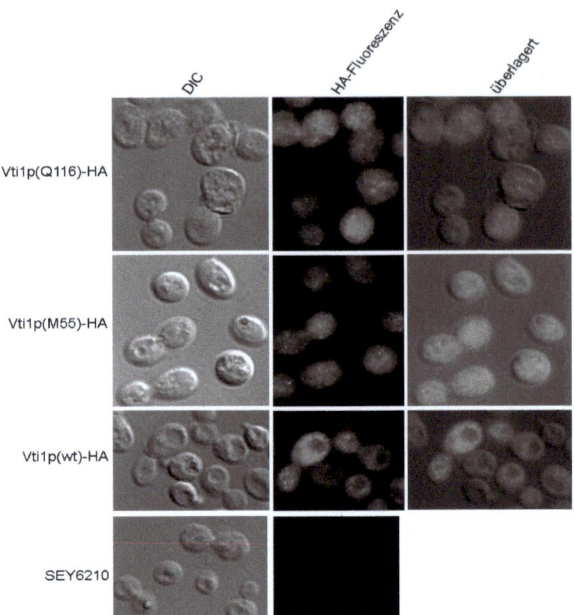

Abb.4-42 Immunfluoreszenzmikroskopie von Vti1p(Q116)-HA, Vti1p(M55)-HA, Vti1p(wt)-HA und SEY6210 als Negativ-Kontrolle. Die Hefe-Kulturen wurden bis zu einer OD_{600} von ca. 0,8 wachsen gelassen, anschließend mit Paraformaldehyd fixiert und einem anti-HA Antikörper inkubiert. Als fluoreszierender Sekundär-Antikörper wurde anti-Cy2 eingesetzt. Die Zellen wurden mit *mounting medium*, welches DAPI enthält, beladen und auf einem Objektträger eingebettet. Die Untersuchung erfolgte mit dem Fluoreszenzmikroskop bei 1000facher Vergrößerung und einer Belichtungszeit von 683 ms für die Cy2-Fluoreszenz. Die Cy2-Aufnahmen wurden bei einer Wellenlänge von 506 nm durchgeführt.

Anhand der HA-Fluoreszenz von Vti1p(M55)-HA und Vti1p(Q116)-HA war kein Unterschied in der Verteilung von Vti1p zu erkennen. Bei beiden Mutanten war Vti1p gleichmäßig über die Zelle in gepunkteten Strukturen verteilt. Das Vti1p(wt)-HA zeigte allerdings ein unterschiedliches Verteilungsmuster. Das Wildtyp-Vti1p war hier um die Vakuole herum verteilt.

Bei den beiden trunkierten Mutanten des Vti1p wurde die HA-Expression mithilfe eines Western Blots überprüft.

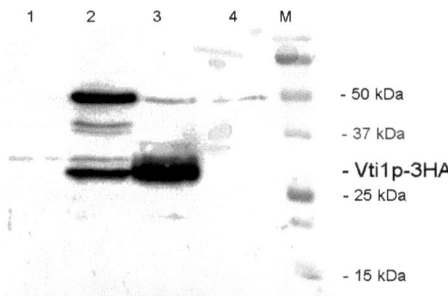

Abb.4-43 Western Blot der Expression von Vtip(M55)-HA, Vti1p(Q116)-HA und Vti1p(wt)-HA.
Aufgetragen wurde in Spur 1 ein Proteinextrakt von Vti1p(Q116)-HA, in Spur 2 das Vti1p(M55)-HA, in Spur 3 eine Probe von Vti1p(wt)-HA und in Spur 4 eine Negativ-Kontrolle ohne HA-*tag*.

Die Ergebnisse des Western Blots zeigten, dass Vti1p(M55)-HA und Vti1p(wt)-HA nachgewiesen werden konnten. Die 3HA-gekoppelten Proteine sollten für Vti1p(Q116) ein berechnetes MW von 15 kDa, für Vti1p(M55) 21,9 kDa und für Vti1p(wt) ein berechnetes Molekulargewicht von 28 kDa aufweisen. Die Bande für Vti1p(Q116)-HA in Spur 1 zeigte eine sehr schwache Intensität bei ca. 32 kDa, bei der es sich nicht um eine spezifische Reaktion handelt. Die Bande für Vti1p(M55)-HA lag mit ca. 30 kDa höher als erwartet, bei gleicher Mobilität wie Vti1p(wt)-HA. Weiterhin konnten unspezifische Banden des HA-Antikörpers auf dem Blot sichtbar gemacht werden, deutlich erkennbar bei ca. 50 kDa.

4.2.2 Lokalisierung von Vti1p(Q116)-GFP, Vti1p(M55)-GFP und Vti1p(wt)-GFP

Als Alternative zur HA-Immunfluoreszenz wurden die beiden N-terminal trunkierten Vti1p-Varianten und der Wildtyp C-terminal mit dem *green fluorescent protein* (GFP) versehen. Hierzu wurden die Sequenzen der Vti1p-Mutanten über eine PCR amplifiziert und mit Schnittstellen für *EcoRI* und *HindIII* versehen, um eine anschließende Klonierung in den pGFP-C-FUS-Vektor (C-terminaler GFP Vektor mit MET25-Promotor) zu ermöglichen. Die positiven Klone wurden in den Hefestamm FVMY6 mit pfvm16 transformiert und als MAY1 (transformiert mit pMA3) und MAY2 (transformiert mit pMA6) in die Hefestamm-Sammlung aufgenommen. Das Plasmid pfvm16 wurde durch eine mehrmalige Selektion (sog. *replica plating*) aus den Stämmen entfernt, um die GFP-Varianten als einzige Vti1p-Quelle in den Hefen zu etablieren.

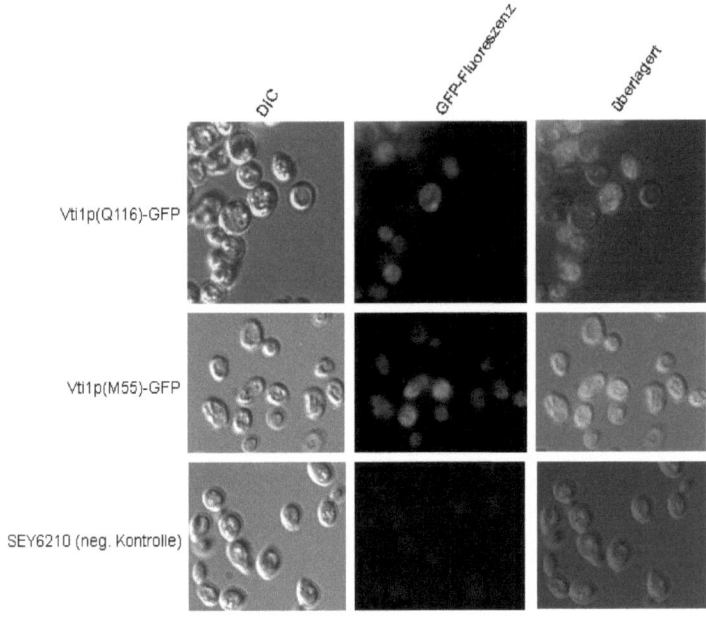

Abb.4-44 Mikroskopie der GFP-Fluoreszenz der Vti1p-Varianten. Gezeigt sind die GFP-Varianten der Vti1p-Mutanten in dem Hefestamm FVMY6, sowie eine Negativ-Kontrolle ohne GFP. Die Hefekulturen wurden bis zu einer OD_{600} von ca. 0,8 kultiviert und mit 5 µL auf einem Objektträger mikroskopiert. Die GFP-Fluoreszenz wurde bei einer Wellenlänge von 509 nm und einer Belichtungszeit für GFP von ca. 700 ms aufgenommen.

Die Bilder der Mikroskopie zeigten eine schwache GFP-Fluoreszenz bei den Mutanten, daher wurden die zu untersuchenden Proteine in Vektoren umkloniert, die ein GFP mit intensiverer Fluoreszenz (*enhanced GFP*, eGFP) enthielten.

4.2.3 Lokalisierung von Vti1p(Q116)-eGFP, Vti1p(M55)-eGFP und Vti1p(wt)-eGFP

Zur besseren Lokalisierung der N-terminalen Mutanten des Vti1p wurde das Protein C-terminal mit einem stärkeren GFP gekoppelt (eGFP). Hierzu wurden die N-terminalen Vti1p-Varianten in den Vektor pUG35 (C-terminales eGFP unter dem MET25-Promotor) eingebracht. Dieses Fusionsprotein wurde dann in den Hefestamm FVMY5 pfvm28 transfomiert. Die Erzeugung der eGFP-Varianten erfolgte durch Umklonierung aus den GFP-Varianten und Amplifikation durch PCR. Um das eGFP-Fusionsprotein als alleinige Quelle für Vti1p in dem Hefestamm zu etablieren, wurde ein *replica plating* durchgeführt, um das Vti1p des pfvm28-Plasmids zu verlieren.

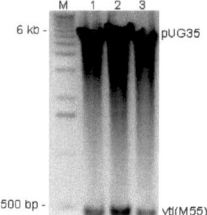

Abb.4-45 Klonierung von Vti1p(M55)-eGFP. Zur Analyse der Klone wurde eine Restriktion mit *EcoRI/HindIII* durchgeführt. Vti1p(M55) zeigte eine Produktlänge von 486 bp, pUG35 ein Spaltprodukt von 6,2 kb.

Die Restriktion mit *EcoRI/HindIII* ergab drei positive Klone für Vti1p(M55)-eGFP, wovon der Klon der Spur 2 als pMA10 (Vti1p(M55)-eGFP) über eine *Plate*-Transformation in den Hefestamm FVMY5 pfvm28 eingebracht wurde. Die erzeugte Hefemutante wurde als MAY4 in die Stammsammlung aufgenommen.

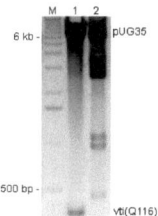

Abb.4-46 Erzeugung von Vti1p(Q116)-eGFP. Gezeigt ist eine Spaltung mit *EcoRI/HindIII*. Vti1p(Q116) lieferte ein Produkt mit 303 bp Länge, der Vektor pUG35 zeigte eine Fragmentlänge von 6,2 kb.

Zur Überprüfung der erhaltenen Klone wurde eine Spaltung mit *EcoRI/HindIII* durchgeführt. Diese Spaltung lieferte einen positiven Klon für Vti1p(Q116)-eGFP, sichtbar in Spur 1 des Agarosegels. Dieser Klon wurde als pMA9 (Vti1p(Q116)-eGFP) ausgewählt und als MAY11 in den Hefestamm FVMY5 pfvm28 transformiert.

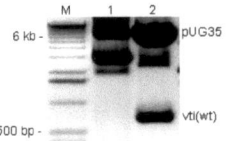

Abb.4-47 Restriktion von Vti1p(wt)-eGFP. Für die Klon-Analyse wurde eine Restriktion mit *EcoRI/HindIII* durchgeführt. Vti1p(wt) zeigte eine Sequenzlänge von 653 bp, der eGFP-Vektor pUG35 eine Länge von 6,2 kb.

Zur Kontrolle wurde das Wildtyp-Vti1p in den eGFP-Vektor pUG35 kloniert. Durch eine Restriktion mit *EcoRI/HindIII* konnte der Klon der Spur 2 als positiver Klon pMA12 (Vti1p(wt)-eGFP) identifiziert werden. Dieser wurde in den Hefestamm FVMY5 pfvm28 transformiert und als MAY12 bezeichnet.

Nachdem alle C-terminalen eGFP-Varianten erfolgreich transformiert wurden, konnte eine Fluoreszenzmikroskopie mit ihnen durchgeführt werden.

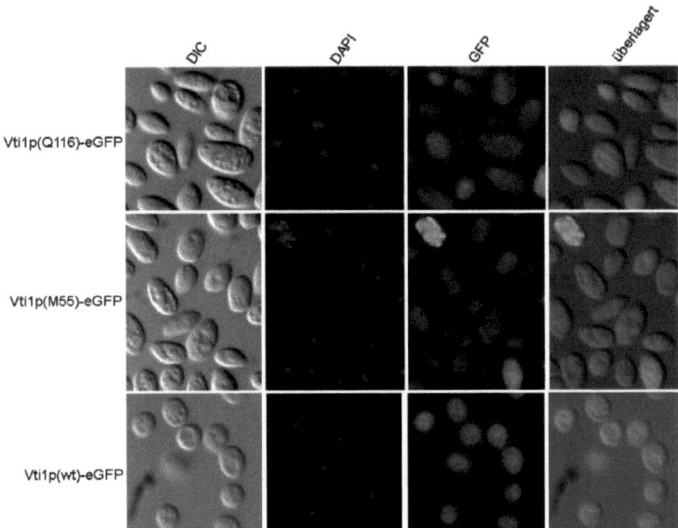

Abb.4-48 Fluoreszenzmikroskopie mit der C-terminalen eGFP-Variante des N-terminal trunkierten Vti1p im Hefestamm FVMY5. Die Hefekulturen wurden bis zu einer OD_{600} von ca. 0,8 wachsen gelassen und anschließend bei 509 nm und einer Belichtungszeit von 1,2 s für GFP mikroskopiert. Zusätzlich wurde eine DAPI-Färbung aufgenommen, die aus der Behandlung mit *mounting medium* resultierte.

Es wurden durch das C-terminale Anfügen von GFP an die N-terminalen Vti1p-Mutanten ebenfalls keine eindeutigen Ergebnisse erzielt. Anhand der GFP-Fluoreszenz ließ sich kein eindeutiger Unterschied in der Verteilung von Vti1p zwischen den Mutanten und dem Wildtyp feststellen. Vti1p zeigte in allen Varianten eine durchgehend homogene Verteilung innerhalb der Hefezellen. Generell fluoreszierte das GFP-Signal sehr schwach.

4.2.4 Lokalisierung von eGFP-Vti1p(Q116), eGFP-Vti1p(M55) und eGFP-Vti1p(wt)

Aufgrund der diffusen Ergebnisse der Mikroskopie der C-terminalen eGFP-Varianten von Vti1p wurden N-terminal gekoppelte eGFP-Vti1p Varianten erzeugt. Hierzu wurden die zuvor klonierten Vti1p-Varianten in den Vektor pUG36 (N-terminales eGFP unter dem MET25-Promotor) umkloniert, anschließend in den Hefestamm FVMY5 pfvm28 transformiert. Zur Etablierung des eGFP-Fusionsproteins als alleinige Quelle für Vti1p wurde ein *replica plating* durchgeführt, d.h. dass speziell auf das Plasmid, welches eGFP-Vti1p enthielt, selektiert wurde, um das Vti1p des Plasmids pfvm28 gezielt aus dem Hefestamm zu entfernen.

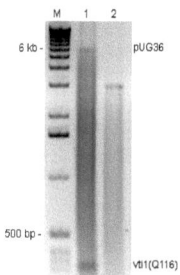

Abb.4-49 Restriktion von eGFP-Vti1p(Q116) mit *EcoRI/HindIII*. Vti1p(Q116) zeigte eine Produktlänge von 303 bp, die Sequenzlänge von pUG36 betrug 6,2 kb.

Durch die Kontrollrestriktion der eGFP-Vti1p(Q116) mit *EcoRI/HindIII* konnte in Spur 1 des Gels ein positiver Klon identifiziert werden. Dieser wurde als pMA11 (eGFP-Vti1p(Q116)) in den Hefestamm FVMY5 pfvm28 transformiert und als

MAY25 bezeichnet.

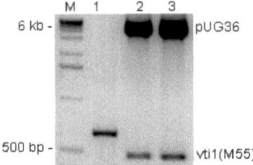

Abb.4-50 Erzeugung von eGFP-Vti1p(M55). Zur Analyse positiver Klone wurde eine Spaltung mit *EcoRI/HindIII* durchgeführt. Vti1p(M55) zeigte nach Spaltung eine Länge von 486 bp, der Vektor pUG36 hatte eine Fragmentlänge von 6,2 kb.

Für die Identifikation von positiven eGFP-Vti1p(M55)-Klonen wurde eine Spaltung mit *EcoRI/HindIII* durchgeführt. Es konnten zwei positive Kandidaten identifiziert werden. Der Klon der Spur 3 wurde als pMA8 (eGFP-Vti1p(M55)) bezeichnet und zur weiteren Transformation in den Hefestamm FVMY5 pfvm28 ausgewählt. Der Hefeklon wurde MAY26 genannt und in die Stammsammlung aufgenommen.

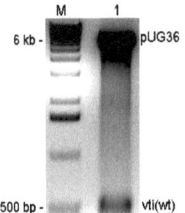

Abb.4-51 Klonierung von eGFP-Vti1p(wt). Die erhaltenen Klone wurde durch eine Restriktion mit *EcoRI/HindIII* analysiert. Die Spaltprodukte betrugen 653 bp für Vti1p(wt) und 6,2 kb für den Vektor pUG36.

Als Kontrolle wurde der Klon eGFP-Vti1p(wt) erzeugt. Positive Klone wurden durch eine Restriktion mit *EcoRI/HindIII* identifiziert. Der positive Klon der Spur 1 wurde als pMA13 (eGFP-Vti1p(wt)) bezeichnet und in den Hefestamm FVMY5 pfvm28 durch eine *Plate*-Transformation eingebracht. Der erhaltene Hefeklon wurde als MAY27 in die Stammsammlung integriert.

Nach dem Erhalt aller N-terminalen eGFP-Vti1p-Mutanten konnten diese mit dem Fluoreszenz-Mikroskop untersucht werden.

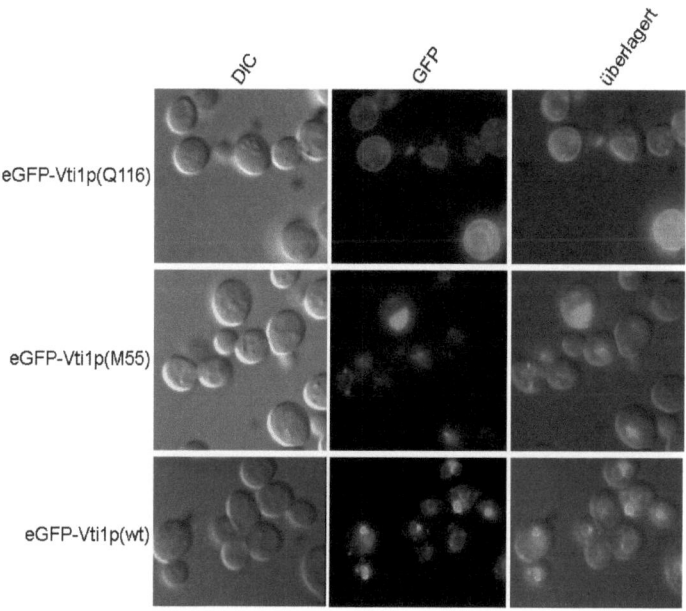

Abb.4-52 Fluoreszenzmikroskopie mit N-terminalem eGFP gekoppelt an Vti1p. Die Hefekulturen im FVMY5-Hintergrund wurden bis zu einer OD_{600} von ca. 0,8 bei 30°C inkubiert. Anschließend wurden 5 µL der Zellkultur auf einen Objektträger gegeben und sofort mikroskopiert. Die GFP-Fluoreszenz wurde bei einer Wellenlänge von 509 nm und einer Belichtungszeit von 710 ms aufgenommen.

Bei den N-terminal gekoppelten eGFP-Vti1p-Mutanten konnte festgestellt werden, dass die Lokalisierung der N-terminalen Vti1p-Mutanten deutlich unterschiedlich zu der Lokalisierung des Wildtyp-Vti1p war. Der Klon eGFP-Vti1p(Q116) zeigte eine Verteilung von Vti1p zur Plasmamembran hin und um die Vakuole herum. Es konnten auch punktierte Strukturen innerhalb des Cytoplasmas nachgewiesen werden.

Die Verteilung von eGFP-Vti1(M55) war eher vakuolär und in punktierten Strukturen vorzufinden. Eine Lokalisierung an der Plasmamembran war nicht erkennbar.

Die eGFP-Variante des Vti1p-Wildtyps zeigte eine Verteilung um die Vakuole herum, bzw. in der Vakuole. Eine Färbung der Plasmamembran konnte nicht festgestellt werden.

Die Produktion der beiden GFP-Varianten von Vti1p wurde zusätzlich durch einen Western Blot überprüft.

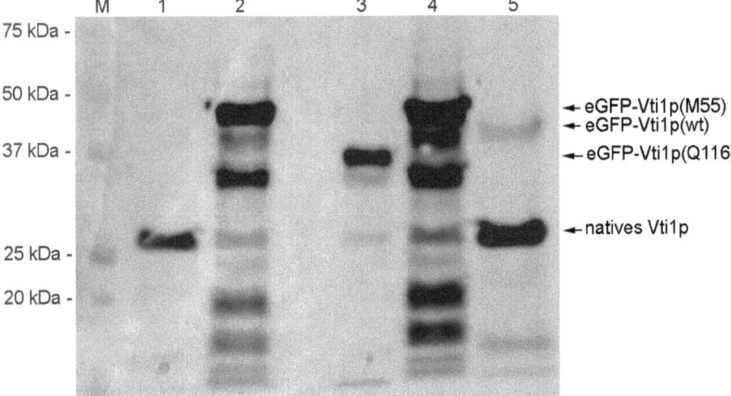

Abb.4-53 Western Blot der Expression von C- und N-terminal gekoppelten eGFP-Vti1p-Mutanten mit Proteinextrakten nach Thorner. Aufgetragen wurden in Spur 1 Vti1p(Q116)-eGFP, in Spur 2 Vti1p(M55)-eGFP, in Spur 3 eGFP-Vti1p(Q116), in Spur 4 eGFP-Vti1p(M55) und in Spur 5 eGFP-Vti1p(wt). Entwickelt wurde mit dem Kaninchen-α-Vti1p Antikörper in der Verdünnung 1:1000.

Anhand des Blots konnte festgestellt werden, dass Vti1p(M55)-eGFP aus MAY4 und eGFP-Vti1p(M55) aus MAY26, zusammen mit dem eGFP-Vti1p(Q116) aus MAY25 und eGFP-Vti1p(wt) aus MAY27, eine zusätzliche Bande für das GFP-gekoppelte Vti1p zeigten. Das eGFP gekoppelte Vti1p(M55) zeigte ein Molekulargewicht von 50 kDa und die eGFP-Variante von Vti1p(Q116) ein Gewicht von 38 kDa. Eine eGFP-gekoppelte Version von Vti1p(wt) konnte mit einer schwachen Bande bei ca. 45 kDa (berechnetes MW 51,6 kDa) nachgewiesen werden. Es zeigte sich im Blot, dass das Vti1p des pfvm28-Plasmids mit einem Molekulargewicht von ca. 26 kDa stark in den Varianten Vti1p(Q116)-eGFP und eGFP-Vti1p(wt) und mit einer schwachen Bande in den übrigen Mutanten detektiert wurde. Ein vollständiger Verlust des pfvm28-Plasmids konnte nicht erzielt werden. Die N-terminalen eGFP-Vti1p-Mutanten wurden zur weiteren Mikroskopierung ausgewählt.

Zur Überprüfung, ob die modifizierten Vti1p-Proteine einen Einfluss auf den Transportweg vom Golgi-Apparat zu den Endosomen haben, wurde ein CPY-*Overlay*-Assay durchgeführt. Dabei wurde die Carboxypeptidase Y-Sekretion der Hefemutanten mithilfe eines Western Blots nachgewiesen. Die CPY wird nur bei Hefestämmen sekretiert, die einen Defekt in diesem Transportweg haben.

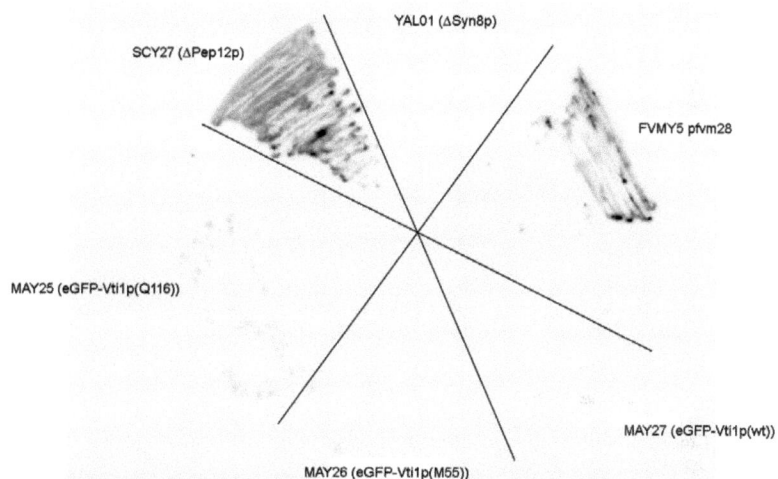

Abb.4-54 CPY-*Overlay*-Assay der eGFP-Vti1p-Mutanten. Ausgestrichen wurden die Positiv-Kontrolle Δpep12, die Negativ-Kontrolle Δsyn8, der Wildtyp-Stamm FVMY5 pfvm28 und die zu untersuchenden Stämme mit eGFP-Vti1p(Q116), eGFP-Vti1p(M55) und eGFP-Vti1p(wt). Entwickelt wurde mit dem m-α-CPY-Antikörper in der Verdünnung 1:100.

Mithilfe des CPY-*Overlay*-Assays konnte gezeigt werden, dass die eGFP-Vti1p Mutanten keinen Defekt im vakuolären Transport aufwiesen. Eine CPY-Sekretion war bei ihnen nicht erkennbar. Die eGFP-Vti1p Proteinvarianten sollten die Funktion des nativen Vti1ps während des vakuolären Transports übernehmen können. Hefestämme, die nur Vti1p(M55) oder Vti1p(Q116) exprimieren, sekretieren CPY. Die Restkonzentration an nativem Vti1p in den Mutanten (s. Abb.4-53) könnte ausreichen, um einen normalen Transport von CPY zu ermöglichen. Erwartungsgemäß sekretierte die Δpep12-Mutante CPY am Stärksten, auffällig war, dass der Wildtyp FVMY5 pfvm28 ebenfalls verstärkt die Carboxypeptidase-Y sekretierte.

4.2.5 DsRed-FYVE-Mikroskopie der N-terminalen eGFP-Vti1p-Varianten

Für die genauere Lokalisierung von eGFP-gekoppeltem Vti1p innerhalb der Hefezelle wurden die eGFP-Vti1p exprimierenden Stämme MAY25, MAY26 und MAY27 mit den Markern DsRed-FYVE transformiert. DsRed-FYVE enthält eine Phosphatidylinositol-3-Phosphat bindende Domäne und ist ein Endosomen-Marker.

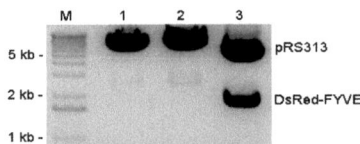

Abb.4-55 Klonierung von DsRed-FYVE in pRS313 durch eine Restriktion mit *KpnI/SacI*.
Aufgetragen wurden in Spur 1 und 2 zwei Vti1p(wt)-eGFP-Klone und in Spur 3 das DsRed-FYVE in pRS313.

Die Restriktion mit *KpnI/SacI* lieferte ein Produkt der Länge von ca. 5 kb für den pRS313-Vektor und ein Spaltprodukt von ca. 2,1 kb für DsRed-FYVE. Der positive Klon der Spur 3 wurde als pMA4 in die Plasmid-Sammlung aufgenommen und in die Hefestämme MAY25, MAY26 und MAY27 über eine *Plate*-Transformation eingebracht.

Anschließend wurden die Stämme mikroskopiert.

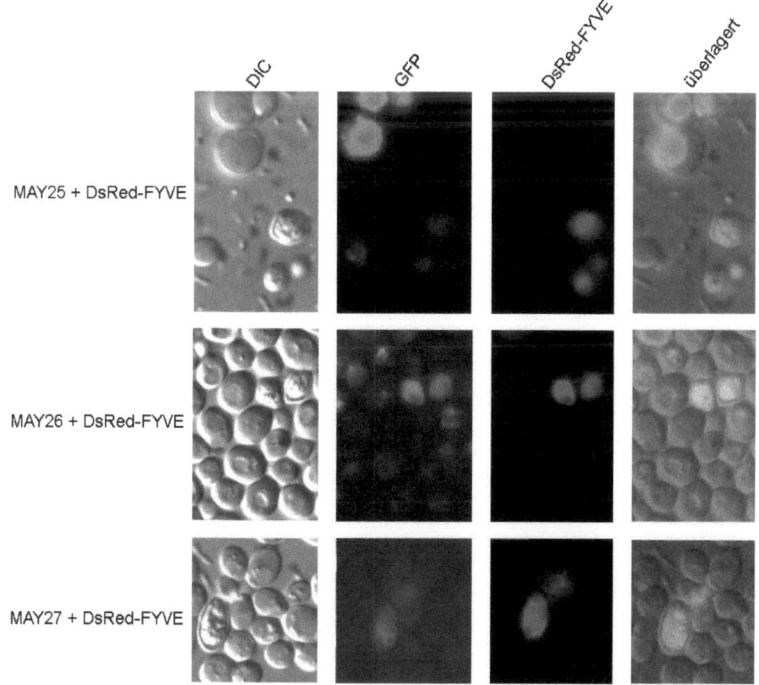

Abb.4-56 Mikroskopie der eGFP-Vti1p-Varianten mit DsRed-FYVE. Die Hefezellen wurden bis zu einer OD_{600} von 0,9 bei 30°C wachsen gelassen. Für die Mikroskopie wurden 1 OD Zellen pelletiert und in 50 µL SD-Ura/His Medium resuspendiert und sofort unter dem Fluoreszenz-Mikroskop betrachtet. Die GFP-Fluoreszenz wurde bei einer Wellenlänge von 509 nm und einer Belichtungszeit von 710 ms aufgenommen. Das DsRed-FYVE-Signal wurde bei einer Wellenlänge von 583 nm und einer Belichtungszeit von 2,3 s aufgenommen.

Aus den Mikoskopie-Bildern konnte keine Co-Lokalisierung von eGFP-Vti1p mit DsRed-Fyve angefärbten Endosomen dargestellt werden. Nur Hefezellen, die im Phasenkontrast-Bild eine physiologisch gestresste Form aufwiesen, zeigten eine diffuse Rot-Färbung. Eine Färbung der Endosomen von Hefezellen, die auch ein intensives GFP-Signal aufwiesen, konnte nicht erzielt werden. Aufgrund dieser undeutlichen Bilder wurde eine Co-Lokalisierung von eGFP-Vtip mit gefärbten Vakuolen mithilfe eines FM4-64 Assays durchgeführt.

4.2.6 FM4-64 Assay mit den N-terminalen eGFP-Vti1p Varianten

Um eine genauere Lokalisierung der N-terminalen eGFP-Vti1p-Klone zu bekommen, wurde eine zusätzliche Färbung der Vakuolen und Endosomen mit dem Farbstoff FM4-64 durchgeführt. Dieser Farbstoff lagert sich aufgrund seiner amphiphilen Eigenschaften in die Lipid-Doppelschichten der Zellmembranen ein und emittiert unter Anregung Licht einer Wellenlänge von 670 nm. Die FM4-64-Lösung wurde zu der Zellsuspension gegeben und für 45 min bei 30°C inkubiert.

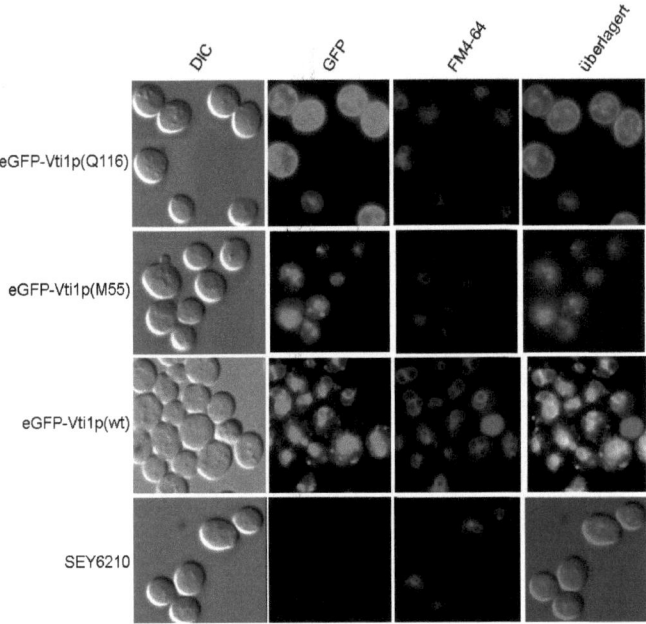

Abb.4-57 Fluoreszenzmikroskopie der eGFP-Vti1p Varianten und SEY6210 als Negativ-Kontrolle mit zusätzlicher FM4-64 Färbung. Die Hefekulturen wurden bis zu einer OD_{600} von ca. 0,6 bei 30°C inkubiert. Anschließend wurde die FM4-64-Färbung durchgeführt und 5 µL des Zellüberstandes auf einen Objektträger gegeben und sofort mikroskopiert. Die GFP-Fluoreszenz wurde bei einer Wellenlänge von 509 nm und einer Belichtungszeit von 880 ms aufgenommen. Das FM4-64-Signal wurde bei einer Wellenlänge von 605 nm und einer Belichtungszeit von 610 ms aufgenommen.

Die Ergebnisse der ersten Mikroskopie der eGFP-Vti1p-Varianten konnten durch die zweite Fluoreszenz-Mikroskopie mit anschließendem FM4-64-Assay bestätigt werden.

Der Klon eGFP-Vti1p(Q116) zeigte eine Verteilung von Vti1p hin zur Plasmamembran und um die Vakuole herum. Die Vakuole selbst zeigte anhand der FM4-64-Färbung keine Akkumulation von eGFP-Vti1p(Q116). Es konnten auch punktierte Strukturen innerhalb des Cytoplasmas nachgewiesen werden.

Die Verteilung von eGFP-Vti1(M55) war eher vakuolär und in punktierten Strukturen lokalisiert. Eine Lokalisierung an der Plasmamembran war nicht erkennbar. Aufgrund der leichten Gelbfärbung der Vakuole durch die Inkubation mit FM4-64 konnte eGFP- Vti1p(M55) an der Vakuole nachgewiesen werden.

Die eGFP-Variante des Vti1p-Wildtyps zeigte eine Verteilung um die Vakuole herum, bzw. in der Vakuole. Durch die intensivere Gelbfärbung durch eine Überlagerung der GFP- und der FM4-64-Fluoreszenz konnte verdeutlicht werden, dass die eGFP-Vti1p(wt) Variante in die Vakuole transportiert wurde. Eine Färbung der Plasmamembran konnte nicht festgestellt werden.

4.3 Produktion von Channelrhodopsin-2 in *Pichia pastoris*

Dieses Kooperationsprojekt zwischen dem Institut für Biochemie III und dem Institut für Physikalische Chemie III wurde eingerichtet, um die Funktion des Channelrhodopsins-2 mithilfe der oberflächenverstärkten Infrarot-Differenz-Absorptionsspektroskopie (SEIDAS) zu untersuchen. Für diese Methode müssen die Proteine in Monolagen auf einer Edelmetallfläche fixiert werden. Eine große Menge an Protein wird für diese Monolagen benötigt. Um eine hohe Ausbeute an rekombinanten Protein zu erhalten, wurde das Channelrhodopsin-2 in den *Pichia pastoris* Hefestamm SMD1163 eingebracht. Für die anschließende Aufreinigung des Proteins über eine Ni^{2+}NTA-Affinitätschromatographie wurde das Channelrhodopsin-2 C-terminal mit einem RGS-6xHis-*tag* versehen.

4.3.1 Klonierung und Transformation des Fusionsproteins ChR2-RGS-6His in *P. pastoris*

Zuerst wurde aus dem Konstrukt chop2_pGEM, durch eine Restriktion mit *BamHI/HindIII*, das Templat chop2 (AS M1-K315, ohne lösliche C-terminale

Domäne) herausgeschnitten. Das Ursprungsplasmid wurde vom MPI für Biophysik aus Frankfurt a.M. zur Verfügung gestellt. Mit dem Templat chop2 wurde eine PCR durchgeführt, die an das Channelrhodopsin-2 (AS M1-G307) ein RGS-6His *tag* über die Primerkombination ChR r/ChR f einfügte. Dieses Konstrukt wurde in den Vektor pGEMT-easy ligiert und anschließend durch eine Spaltung mit *EcoRI/NotI* in den *Pichia pastoris*-Vektor pPIC9K (AOX1-Promotor, α-Faktor Sekretionssignal) umkloniert.

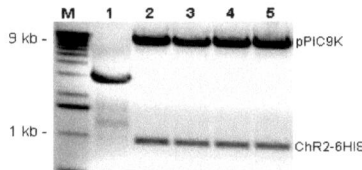

Abb.4-58 Klonierung von ChR2-RGS-6His in den Expressionsvektor pPIC9K durch eine Restriktion mit *EcoRI/NotI*. Durch die Spaltung der Enzyme entstanden Produkte bei 900 bp für das Insert ChR2-RGS-6His und bei 9,5 kb für den Vektor pPIC9K.

Der Klon aus der Spur 4 wurde pMA35 genannt und in den *P. pastoris* Hefestamm SMD1163 transformiert. Zunächst wurde die Elektroporation von Hefezellen als Transformationsmethode angewandt. Hierzu wurde die DNA des Klons pMA35 mit den Restriktionsenzymen *SacI* und *SalI* linearisiert und anschließend mit dem Biorad *Gene Pulser* in den Stamm SMD1163 transformiert. Bei einer Restriktion mit der Endonuklease *SacI* erfolgte die genomische Integration im *AOX1*-Gen des Plamids pPIC9K, während bei der Spaltung mit *SalI* die Integration im *HIS4*-Gen erfolgte. Beide Varianten sollten den gleichen Phänotyp aufweisen, d.h. sie sollten auf Histidin-freien Agarplatten wachsen, sowie schnell Methanol metabolisieren können.

Es folgte eine Rekonstitution der Hefezellen in 1 mL SOS-Medium für 3 h bei 30°C, danach wurden 600 µL der Suspension auf eine RDB-His Agarplatte ausgestrichen und für 6 Tage bei 30°C inkubiert.

Tab.4-13 Erhaltene Klone nach Elektroporation auf RDB-His Agarplatten.

Elektroporationsbedingungen	Restriktionsenzym	Anzahl an Klonen
$U = 1{,}5$ kV $C = 25$ µF $R = 400$ Ω einfach gepulst	SacI	12
	SalI	4
$U = 1{,}5$ kV $C = 25$ µF $R = 600$ Ω einfach gepulst	SacI	6
	SalI	8
$U = 1{,}5$ kV $C = 25$ µF $R = 400$ Ω doppelt gepulst	SacI	4
	SalI	2
$U = 1{,}5$ kV $C = 25$ µF $R = 600$ Ω doppelt gepulst	SacI	4
	SalI	2

Die Klone auf den RDB-His Agarplatten wurden auf Geneticin-haltige Agarplatten ausgestrichen. Die nachfolgende Tabelle zeigt die erhaltenen Klone nach 6 Tagen Inkubation bei 30°C.

Tab.4-14 Erhaltene ChR2-RGS-6His Klone in SMD1163-Zellen nach Elektroporation.

Bezeichnung	Restriktionsenzym	Geneticin-Konzentration [mg/mL]
Sac1	SacI	0,25
Sac3	SacI	0,25
Sac4	SacI	0,25
Sac5	SacI	0,25
Sac6	SacI	0,25
Sac7	SacI	0,25
Sac8	SacI	0,25
Sac12	SacI	0,25
Sal2	SalI	0,25
Sal3	SalI	0,25
Sal4	SalI	0,25
Sal5	SalI	0,25
Sal6	SalI	0,25

Mithilfe der Elektroporation als Transformationsmethode für die *P. pastoris* Zellen wurden nur wenige Klone erhalten, die zudem auf geringen Konzentrationen an Geneticin (G418) wachsen. Die Geneticin-Resistenz korreliert mit der Anzahl an Insertionen des Zielgens, d.h. wenn die erhaltenen Klone auf Agarplatten wachsen, die eine hohe Konzentration an Geneticin enthalten, verfügen diese Klone auch über multiple Insertionen von ChR2-RGS-6His. Die Expression von ChR2-RGS-6His wurde durch einen Western Blot untersucht und keiner der getesteten Klone zeigte eine Produktion von ChR2-RGS-6His. Es wurde daher die Transformation mit Polyethylenglykol 1000 getestet. Mithilfe der PEG1000-Transformation konnten für das *AOX1*-integrierte ChR2-RGS-6His ca. 1300 Klone und für das *HIS4*-integrierte ChR2-RGS-6His ca. 2800 Klone erhalten werden. Die erhaltenen Klone auf den RDB-6His Platten wurden mit Wasser abgespült, gesammelt und auf Geneticin-haltige Agarplatten ausgestrichen.

Durch die PEG1000-Transformation konnten folgende Klone erhalten werden.

Tab.4-15 Erhaltene ChR2-RGS-6His Klone in SMD1163-Zellen nach PEG1000-Transformation.

Bezeichnung	Restriktionsenzym	Geneticin-Konzentration [mg/mL]
Sac1	*SacI*	0,5
Sac4	*SacI*	0,5
Sac5	*SacI*	0,5
Sac6	*SacI*	0,5
Sac7	*SacI*	0,5
Sac8	*SacI*	0,5
Sal1	*SalI*	0,75
Sal2	*SalI*	0,75
Sal3	*SalI*	0,75
Sal4	*SalI*	0,75
Sal5	*SalI*	0,75
Sal6	*SalI*	0,75

Die erhaltenen Klone wurden zunächst für 24 h in 25 mL des Anzuchtmedium BMGY angezogen. Von diesen Vorkulturen wurden 25 mL des Expressionsmedium BMMY angeimpft. Die Produktion von ChR2-RGS-6His wurde durch die Zugabe von 2,5 % Methanol und 10 µM all-*trans*-Retinal gestartet. Nach 30 h Inkubation im Expressionsmedium wurde eine

Proteinextraktion nach Thorner durchgeführt. Zur Analyse wurden Proben der Proteinextrakte auf ein SDS-Polyacrylamidgel aufgetragen und anschließend auf eine Nitrozellulosemembran überführt.

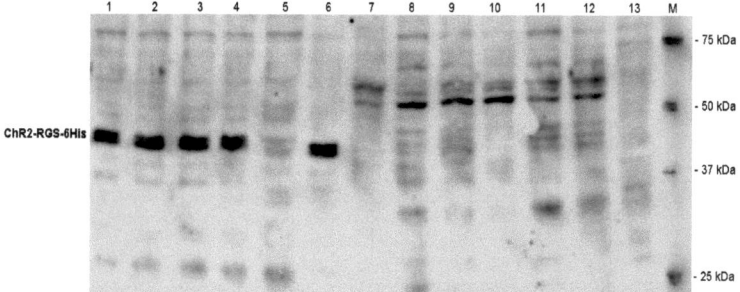

Abb.4-59 Western Blot der ChR2-RGS-6His Produktion in PEG1000 transfomierten SMD1163-Zellen. Aufgetragen wurde in Spur 1 der Klon Sal6, in Spur 2 der Klon Sac5, in Spur 3 der Klon Sal4, in Spur 4 der Klon Sal3, in Spur 5 der Klon Sal2, in Spur 6 der Klon Sal1, in Spur 7 der Klon Sal6, in Spur 8 der Klon Sac2, in Spur 9 der Klon Sac12, in Spur 10 der Klon Sac7, in Spur 11 der Klon Sac4, in Spur 12 der Klon Sal5 und in Spur 13 das ChR2 gekoppelt mit YFP als Negativ-Kontrolle.

Es konnte mithilfe des Blots gezeigt werden, dass alle Klone der Spuren 1,2,3,4 und 6 Channelrhodopsin-2 exprimieren konnten. Das Protein lief allerdings nicht bei dem berechneten Molekulargewicht von 36 kDa, sondern zeigte im Blot eine Doppelbande bei ca. 40 kDa. Der Klon Sal1 wurde als MAY7 für weitere Experimente in Kryokultur genommen.

4.3.2 Produktionsoptimierung von ChR2-RGS-6HIS

Um die Produktion von Channelrhodopsin-2 zu optimieren, wurden die positiven Klone Sal1, Sal2, Sal4 und Sal6 in Kultur genommen. Hierzu wurden 20 mL BMGY Medium pro Klon angeimpft. Nach 24 h Wachstum im Anzuchtsmedium wurden die Klone in 100 mL Expressionsmedium BMMY überführt. Die Produktion von Channelrhodopsin-2 wurde durch die Zugabe von 10 µM all-*trans*- Retinal und 1 % Methanol initialisiert. Es folgte eine kontinuierliche Zugabe von 0,5 % Methanol alle 8 h. Eine Entnahme von 10 OD Zellen für eine

Proteinextraktion wurde nach 24 h, 36 h, 48 h und 56 h durchgeführt. Zur Quantifizierung der Expression wurden die erhaltenen Proteinproben durch eine SDS-PAGE aufgetrennt und mit einer Western Blot Analyse untersucht.

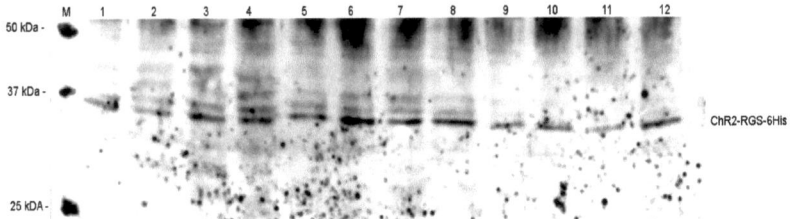

Abb.4-60 Western Blot der Produktionsoptimierung von ChR2-RGS-6His. Aufgetragen wurden Proben nach 36 h, 48 h und 56 h Inkubation im Expressionsmedium. Die Belegung des Gels war folgendermaßen: in Spur 1 der Klon Sal1 nach 36 h, in Spur 2 der Klon Sal2 nach 36 h, in Spur 3 der Klon Sal4 nach 36 h, in Spur 4 der Klon Sal6 nach 36 h, in Spur 5 der Klon Sal1 nach 48 h, in Spur 6 der Klon Sal2 nach 48 h, in Spur 7 der Klon Sal4 nach 48 h, in Spur 8 der Klon Sal6 nach 48 h, in Spur 9 der Klon Sal1 nach 56 h, in Spur 10 der Klon Sal2 nach 56 h, in Spur 11 der Klon Sal4 nach 56 h und in Spur 12 der Klon Sal6 nach 56 h Inkubation im BMMY-Medium. Entwickelt wurde der Blot mit dem m-α-RGS-His Antikörper in der Verdünnung 1:4000 über Nacht bei 4°C.

Anhand des Blots konnte gezeigt werden, dass eine optimale Produktion von ChR2-RGS-6His nach 48 h Inkubation im BMMY-Medium eintrat. Nach 56 h Inkubation im BMMY-Medium zeigten die Klone eine schwächere Expression im Vergleich zu den Proben nach 48 h. Nach 24 h Inkubation konnte noch kein ChR2-RGS-6His nachgewiesen werden. Eine mögliche Erklärung für die Diskrepanz der detektierten Molekulargewichte von ChR2-RGS-6His könnte darin begründet liegen, dass im Falle der Expressionskontrolle ein 12,5 %iges SDS-Gel (s. Abb.4-59) und bei der Produktionsoptimierung ein 11 %iges SDS-Gel benutzt wurde (s. Abb.4-60). Proteine können in unterschiedlichen SDS-Konzentrationen ein anderes Laufverhalten zeigen.

4.3.3 Klonierung von Einzelaminosäure-Mutanten des Proteins ChR2-RGS-6His

Um den Einfluss bestimmter Aminosäuren auf die Funktion von Channelrhodopsin-2 zu untersuchen, wurden diese durch eine gezielte Mutagenese über eine PCR ausgetauscht. Als Templat für die PCR wurde das

Plasmid pMA14 benutzt. Folgende Aminosäure-Austausch Mutanten wurden erzeugt, bei allen Mutanten war das Channelrhodopsin-2 (AS M1 bis G307) mit einem RGS-6His *tag* versehen.

Tab.4-16 Channelrhodopsin-2 Einzelaminosäure Mutanten.

Bezeichnung	Mutation	Funktion
Chop2_mut1	E123D	Mutation nahe des Retinals, konservierte AS für Chop2, lokalisiert in Transmembrandomäne
Chop2_mut2	D156E	Mutation nahe des Retinals, lokalisiert in Transmembrandomäne
Chop2_mut3	E235D	Mutation betrifft H^+-Leitungsnetzwerk, lokalisiert in Transmembrandomäne
Chop2_mut4	S245E	Mutation betrifft konservierte AS für Chop2, lokalisiert in Transmembrandomäne

Die Mutagenese erfolgte über PCR, wobei die Mutationen über Primer in das *template* pMA14 (ChR2 in pGEMT-easy) eingefügt wurden. Die positiven Klone wurden sequenziert und anschließend durch eine Restriktion mit *EcoRI/NotI* in den Vektor pPIC9K umkloniert.

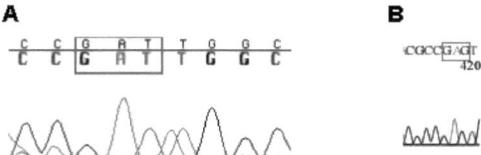

Abb.4-61 Chromatogramm des Aminosäureaustauschs E123D. In Abbildung A wurde der Klon Chop2_mut1 in dem Vektor pGEMT-easy sequenziert. In Abbildung B wurde die Wildtyp-Variante eines negativen Klons dargestellt. Das rote Rechteck zeigt das Basen-Triplett für den Austausch mit Aspartat.

4 Ergebnisse

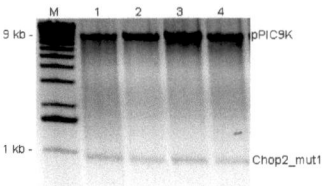

Abb.4-62 Klonierung von Chop2_mut1 in pPIC9K durch eine Spaltung mit *EcoRI/NotI*. Die Enzyme erzeugten Spaltprodukte bei 9,5 kb für pPIC9K und 900 bp für Chop2_mut1.

Der Klon aus Spur 3 wurde als pMA31 (ChR2 E123D) bezeichnet und für eine Transformation in den *P. pastoris* Hefestamm SMD1163 ausgewählt.

Zur Klonierung von Chop2_mut2 und Chop2_mut4 wurde analog vorgegangen.

Abb.4-63 Chromatogramm des Aminosäureaustauschs D156E. Sequenziert wurde der Klon Chop2_mut2 in dem Vektor pGEMT-easy. Das rote Rechteck zeigte das Basen-Triplett für den Austausch von Aspartat mit Glutamat. In Abbildung A wurde die Austauschmutation gezeigt, in Abbildung B wurde die Wildtyp-Variante dargestellt.

Abb.4-64 Chromatogramm des Aminosäureaustauschs S245E. Sequenziert wurde der Klon Chop2_mut4 in dem Vektor pGEMT-easy. Das rote Rechteck zeigte im Gegenstrang das Basen-Triplett für den Austausch von Serin mit Glutamat. In Abbildung A wurde die Mutante und in Abbildung B die Wildtyp-Form gezeigt.

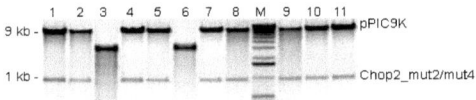

Abb.4-65 Klonierung von Chop2_mut2/mut4 in pPIC9K durch eine Spaltung mit *EcoRI/NotI*. Die Enzyme erzeugten Spaltprodukte bei 9,5 kb für pPIC9K und 900 bp für Chop2_mut2 bzw.

Chop2_mut4.

Der Klon der Spur 5 wurde für das Chop2_mut2_pPIC9K Konstrukt als pMA26 (ChR2 D156E) für eine folgende Transformation ausgewählt. Als positiver Klon des Konstrukts Chop2_mut4_pPIC9K wurde der Klon der Spur 11 ausgewählt und als pMA27 (ChR2 S245E) bezeichnet.

Die Variante Chop2_mut3 (ChR2 E235D) konnte im Rahmen dieser Arbeit nicht erzeugt werden.

Alle positiven Klone für die Einzelaminosäure-Mutationen wurden durch eine Polyethylenglykol 1000 Transformation in den Hefestamm SMD1163 eingebracht. Zur Überprüfung der Expression der mutierten Fusionsproteine sollte eine Western Blot Analyse durchgeführt werden.

5 Diskussion

Ziel dieser Arbeit war die Identifizierung von Interaktionspartnern des N-Terminus des Qb-SNAREs Vti1p durch die TAP-Methode. Es sollte der Einfluss des N-Terminus auf die zelluläre Lokalisierung von Vti1p untersucht werden. Hierzu wurden N-terminal trunkierte Vti1p-Hefemutanten mikroskopisch untersucht.

In einem dritten Projekt, welches eine Kooperation zwischen dem Institut Biochemie III und dem Institut Physikalische Chemie III darstellte, sollte das Channelrhodopsin-2 aus der Grünalge *Chlamydomonas reinhardtii* in der Hefe *Pichia pastoris* in hoher Ausbeute produziert werden.

5.1 Interaktionspartner des N-Terminus des Qb-SNAREs Vti1p

Zum Nachweis von Interaktionspartnern des N-Terminus von Vti1p wurde dieses SNARE-Protein C-terminal mit einem TAP (*tandem affinity purification*)-*tag* markiert. Durch das TAP-*tag* wurde eine gezielte Reinigung von Proteinkomplexen mit Vti1p aus einer Zellkultur über zwei Säulen ermöglicht.

5.1.1 Isolierung von Proteinkomplexen mit Vti1p-TAP

Die TAP-Methode bietet eine schnelle und effektive Reinigung von Proteinkomplexen in hoher Ausbeute unter nativen Bedingungen. In der Kombination mit einer MALDI-TOF Massenspektrometrie können mögliche Interaktionspartner mit dem untersuchten Protein identifiziert werden. Das TAP-*tag* kann über eine homologe Rekombination an das Zielprotein angefügt werden und ist sehr tolerant gegenüber unterschiedlichen Pufferbedingungen (Puig *et al.*, 2001). Ein mögliches Problem beim *tagging* von Proteinen ist die ungenügende Expression des markierten Proteins und eine zu schwache Exposition des *tags*, um eine Bindung an die Säulenmatrices zu erzielen. Aus diesem Grund wurde die Expression des Vti1p-TAP in einem Western Blot überprüft (s. Abb.4-3) und das Verfahren der Reinigung an die Anforderungen des Fusionsproteins angepasst

5 Diskussion

und optimiert.

In Abb.4-3 wurden die co-präzipitierten Proteinextrakte von Vti1p-TAP exprimierenden SSY4-Hefezellen gezeigt. Aufgrund des eingesetzten pYX242-Expressionsvektors konnte Vti1p-TAP in erhöhtem Maße produziert werden (Proteinbande bei ca. 35 kDa). Der Vektor pYX242 ist ein 2µ-Plasmid, das in hoher Kopienzahl in der Hefezelle vorliegt und somit eine erhöhte Produktion eines rekombinanten Proteins ermöglicht. Neben dem Vti1p-TAP Fusionsprotein wurde auch endogenes Vti1p als Bande bei ca. 26 kDa nachgewiesen. Die Hefezellen benötigten das native Vti1p zum Überleben, daher durfte nicht auf die C-terminal trunkierte Vti1p-TAP-Variante selektiert werden.

Im Silbergel konnte kein Vti1p-CBD mit Interaktionspartnern nachgewiesen werden, weil das eingesetzte Kulturvolumen zu gering war. Zusätzlich war die TAP-Methode noch nicht auf Vti1p-TAP optimiert (s. Abb.4-4). Mithilfe des Western Blots konnte gezeigt werden, dass wenig Nebenprodukte angereichert wurden. Durch die Präzipitation mit Chloroform/MeOH konnte Vti1p-CBD einigermaßen konzentriert werden (s. Abb.4-5). Eine Optimierung der Präzipitation war ebenfalls notwendig, da im Silbergel keine weiteren Proteinbanden nachgewiesen wurden, um eine spektrometrische MALDI-TOF Analyse zu ermöglichen. Zur Kontrolle, ob das TAP-*tag* möglicherweise zu einer Anreicherung von unspezifischen Nebenprodukten führt, wurde eine Aufreinigung mit dem TAP-*tag* im pYX242-Vektor durchgeführt. Im SDS-Gel und im Western Blot konnte gezeigt werden, dass das TAP-*tag* zu keiner Anreicherung von unspezifischen Proteinen führt und somit zu einer spezifischen Konzentration von Bindungspartnern des N-Terminus von Vti1p genutzt werden kann (s. Abb.4-6 und Abb.4-7). Um eine individuelle Aufreinigungsmethode für das Vti1p-TAP zu etablieren, wurden die eingesetzten Wasch- und Matricesvolumina optimiert. Es wurden auch verschiedene Präzipitationsmethoden (z.B. mit Aceton) ausprobiert und die Chloroform/MeOH-Präzipitation nach Wessel als effektivste Methode erwählt. In Abb.4-12 wurde ein Blot gezeigt, der repräsentativ für eine optimale TAP-Aufreinigung ist. Es wurden kaum Nebenprodukte angereichert und durch die Präzipitation mit Chloroform/MeOH konnte Vti1p-CBD konzentriert werden. Unter diesen optimierten Parametern wurde das Zellkulturvolumen für die TAP-Aufreinigung von 1 L auf 3 L erhöht.

5.1.2 Interaktionspartner des N-Terminus von Vti1p

Die N-terminalen Domänen unterscheiden sich innerhalb der SNARE-Proteinfamilie. Sie haben eine vermutete Funktion in den verschiedenen Stadien der SNARE-Komplexbildung. Ihre Strukturen sind nicht konserviert (Antonin et al., 2002). Die N-terminale Domäne des Qa-SNAREs Sso1p zeigt eine 3-α-Helix-Struktur und hat eine regulatorische Funktion, um die binäre und ternäre Komplexbildung um den Faktor 2000 zu verlangsamen. Der N-Terminus interagiert dazu vermutlich mit der C-terminalen SNARE-Domäne von Sso1p (Nicholson et al., 1998). Der N-Terminus des R-SNAREs Sec22p, wie auch des R-SNAREs Ykt6p, zeigt eine gemischte α-Helix/β-Faltblatt-Struktur und interagiert nicht mit der eigenen SNARE-Domäne (Gonzalez et al., 2001). Bei der Komplexbildung ist der N-Terminus nicht involviert und hat eine vermutete Funktion bei der zellulären Lokalisierung, der Vesikelpackung und der Interaktion mit einer Rab GTPase (Gonzalez et al., 2001). Bei dem Qa-SNARE Vam3p wird der N-Terminus für die Koordination des *dockings* während der homotypischen Vakuolenfusion benötigt (Laage et al., 2001). Strukturell besteht die N-terminale Domäne ebenfalls aus einem 3-α-Helix-Bündel (Wang et al., 2001). Eine Deletion des N-Terminus führt zu einer verringerten Bildung des *trans*-SNARE-Komplexes zwischen Vam3p und seinen SNARE-Partnern und daraus resultierend zu einer reduzierten Vakuolenfusion (Laage et al., 2001). Als Bindungspartner der N-terminalen Domäne des Qb,c-SNAREs Sec9p wurde das Protein Sro7p identifiziert. Sro7p dient als allosterischer Regulator der SNARE-vermittelten Exocytose, in dem es Sec9p an die Plasmamembran rekrutiert und eine Bindung von Sso1p und Snc2p an Sec9p inhibiert (Hattendorf et al., 2007). Die N-terminale PX Domäne des Qc-SNAREs Vam7p ist verantwortlich für die Rekrutierung von Vam7p an die Vakuole zur homotypischen Vakuolenfusion. Die PX Domäne besteht aus drei bis vier α-Helices verbunden über einen Prolin-*loop* mit einem dreisträngigen β-Faltblatt. Über die Phosphatidylinositol-3-Phosphat Bindetasche der PX Domäne wird die homotypische Vakuolenfusion vermittelt (Lee et al., 2006).

Der N-Terminus von Vti1a und Vti1b besteht aus drei α-Helices und zeigt strukturelle Ähnlichkeit zu den N-Termini der SNAREs der Syntaxin-Familie (s. Abb.5-1). Sie bestehen aus drei α-Helices, wobei zwei Helices in paralleler

Ausrichtung und die dritte α-Helix in antiparalleler Orientierung angeordnet sind (Misura et al., 2002).

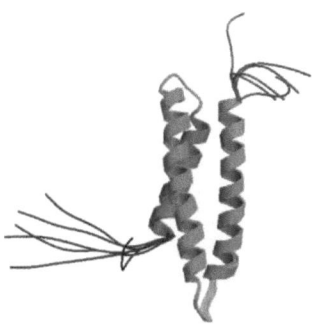

Abb.5-1 N-terminale Domäne des Qb-SNAREs Vti1a der Maus. Dargestellt sind die beiden parallelen α-Helices in blau und orange, sowie die dritte, mittlere antiparallele α-Helix in grün (Quelle: Protein Data Bank www.rcsb.org).

Michael Gossing konnte in seiner Diplomarbeit mithilfe der zirkularen Dichroismus-Spektroskopie zeigen, dass die N-terminale Domäne von Vti1p einen hohen α-helikalen Anteil aufweist und das dieser Anteil durch die Aminosäure-Austausche Q29R und W79R verringert werden kann (Gossing, Diplomarbeit 2009). Der N-Terminus von Vti1p zeigt eine Interaktion mit dem Adapterprotein Ent3p. Diese Interaktion wird durch die ENTH (*Epsin N-terminal homology*)-Domäne des Ent3p, die eine Phosphatidylinositol-Bindestelle enthält, vermittelt. Ent3p bindet an den Clathrin-Adapter Gga2p und ist somit wichtig für die Bildung von Clathrin-beschichteten Vesikeln (CCV) beim Transport vom Trans-Golgi-Netzwerk (TGN) zu dem prävakuolären Kompartiment (PVC) (Hirst et al., 2004). Ent3p scheint darüber hinaus eine Rolle als Cargo-Adapter bei der Sortierung und Rekrutierung von Vti1p zu spielen (Chidambaram et al., 2004). Diese Sortierungsfunktion von Ent3p könnte als ein Qualitätskontroll-Mechanismus fungieren, um sicherzustellen, dass das Vesikel kompetent für eine Fusion mit dem Zielorganell ist (Chidambaram et al., 2008).

Um festzustellen, ob die TAP-Aufreinigung eine geeignete Methode zum Nachweis der N-terminalen Wechselwirkung darstellt, wurde der Blot mit einem

5 Diskussion

Antikörper gegen den bereits bekannten Interaktionspartner Ent3p entwickelt. Es zeigte sich, dass Ent3p (theoretisches MW: 45 kDa) mit einem MW von 55 kDa in der Eluatfraktion nachweisbar war. Darüber hinaus war auch eine spezifische Anreicherung von Ent3p erkennbar (s. Abb.4-24).

Im Silbernitrat-gefärbten SDS-Gel aus Abb.4-13 konnten neben der Bande für das Vti1p-CBD noch zusätzliche Banden für mögliche, interagierende Proteine nachgewiesen werden. Diese Banden wurden ausgeschnitten und massenspektrometrisch untersucht. Es wurden aus den gesamten Daten aller MALDI-TOF Massenspektren fünf potenzielle Interaktionspartner mit dem N-Terminus von Vti1p identifiziert (s. Tab.4-19). Hierbei handelte es sich um folgende Proteine: YCL058W-A, Irc19p (YLL033W), Iml2p (YJL082W), Psk2p (YOL045W) und Vps1p (YKR001C). Neben diesen Proteinen wurden gehäuft und mit hohem *Score*-Wert Chaperone und Enzyme des Cytosols nachgewiesen. Ursache für den Nachweis dieser unspezifischen Proteine kann die erhöhte Expression, aufgrund der Expression im 2µ-Vektor pYX242, des Vti1p-TAPs sein. Eine Überexpression führt häufig zur Assoziation mit nicht-natürlichen Partnern. Typische Hintergrund-Kontaminationen, die wiederholt durch die TAP-Methode nachgewiesen werden, sind die Chaperone der HSP-Proteinfamilie SSA und SSB, sowie das Hitzeschock-Protein Homolog SSE1 und die Pyruvat-Kinase 1 CDC19. Ein weiteres Problem bei der TAP-Aufreinigung kann das endogene Calmodulin darstellen, in dem es an die Calmodulin-Bindedomäne des *tags* bindet und vermutlich die Bindung des Fusionsproteins an die Calmodulin-Matrix verhindert und die Ausbeute signifikant verringern kann (Shevchenko *et al.*, 2002). Der zeitliche Ablauf der TAP-Aufreinigung könnte Probleme bei der Detektion von Protein-Interaktionen mit geringer Halbwertszeit verursachen. Mögliche Interaktionen deren Halbwertszeiten unter der benötigten Zeit für die Aufreinigung liegen, können nicht nachgewiesen werden (Barnard *et al.*, 2008). Eine weitere Erklärung für die wenigen, detektierten Interaktionspartner könnte sein, dass der N-Terminus von Vti1p keine stabilen Komplexe eingeht, sondern kurzlebige, transiente Komplexe bevorzugt. Eine weitere Limitierung besteht in der MALDI-TOF Massenspektrometrie als eine eher qualitative Analyse von interagierenden Proteinkomplexen (Collins *et al.*, 2008). Die Wechselwirkung zwischen Ent3p und Vti1p konnte beispielsweise nur im Western Blot und nicht in der MALDI-TOF MS nachgewiesen werden. Zur Bestätigung einer Interaktion zwischen dem N-Terminus von Vti1p und den identifizierten Interaktionskandidaten wurden weitere Methoden wie Yeast-2-Hybrid Assays und Co-Präzipitationen eingesetzt.

5.1.3 Interaktionen von Vti1p mit YCL058W-A und YLL033W

Die mit einem 3HA-*tag* markierten YCL058W-A und YLL033W Protein-Varianten wurden genomisch in den SSY4(Vti1p-TAP)-Hefestamm integriert und sollten einen Nachweis einer Vti1p-TAP Wechselwirkung mit dem HA-Fusionsprotein über eine Co-Präzipitation ermöglichen. In Abb.4-19 wurde die Expression von YCL058W-A-3HA anhand eines Western Blots gezeigt. Erkennbar war eine schwache Expression des Fusionsproteins bei ca. 19 kDa. Das Fusionsprotein YLL033W-3HA wurde mit einem Molekulargewicht von ca. 34 kDa detektiert (s. Abb.4-20). Die real detektierten Molekulargewichte entsprachen nicht den theoretischen MWs für YCL058W-A-3HA (ca. 16 kDa) und YLL033-3HA (ca. 30,2 kDa). Diese Diskrepanz ist darauf zurückzuführen, dass die getaggten Proteine während einer SDS-PAGE bis zu 5 kDa über dem berechneten Molekulargewicht laufen können. Es wurden TAP-Aufreinigungen der 3HA-getaggten Proteine durchgeführt. Bei der Aufreinigung von YLL033W-3HA war nur eine schwache Anreicherung des Fusionsproteins erkennbar (s. Abb.4-21 und 4-22). Dieses Ergebnis kann dadurch erklärt werden, dass die Proteinkonzentration, aufgrund des eingesetzten Zellkulturvolumens, zu gering war, um einen eindeutigen Nachweis zu liefern. Eine genauere Analyse der Wechselwirkung wurde durch die Anwendung eines Yeast-2-Hybrid Assays ermöglicht. Im Falle der TAP-Aufreinigung von YCL058W-A-3HA konnte keine Anreicherung des Fusionsproteins festgestellt werden (s. Abb.4-23). Eine Erklärung dafür könnte sein, dass die Expression von YCL058W-A-3HA zu gering war, um einen eindeutigen Nachweis einer Interaktion zu erbringen. Generell war der Nachweis einer Interaktion zwischen den Fusionsproteinen YCL058W-A-3HA und YLL033W-3HA zu undeutlich, um einen definitiven Beweis einer spezifischen Wechselwirkung darzustellen. Mögliche weitere Ursachen, neben der geringen Proteinkonzentration, könnten in der Qualität der

5 Diskussion

eingesetzten Antikörper liegen.

Zur genaueren Analyse einer möglichen Interaktion zwischen YCL058W-A und YLL033W mit dem N-Terminus von Vti1p wurden Yeast-2-Hybrid Assays durchgeführt. In Abb.4-26 konnte gezeigt werden, dass die beiden Proteine als VP16-Fusionsproteine schwach mit Vti1p in pLexN interagieren, deutlich erkennbar auf den THULL und THULL + 2 mM 3-AT-Agarplatten. Hierbei handelt es sich um eine spezifische Wechselwirkung, weil auf den gleichen Agarplatten kein Wachstum der Negativ-Kontrolle pLexN-Vti1p mit VP16 zu erkennen war (s. Abb.4-26). Aus anderen Y-2-H Assays ist bekannt, dass die Klone L40 mit Pep12p in pLexN + pVP16 und L40 mit Syn8p in pLexN + pVP16 ein höheres Hintergrundwachstum zeigen, daher kann nicht eindeutig festgestellt werden, dass das Wachstum der interagierenden Klone über dem Hintergrund liegt.

Um genauere Ergebnisse für die Co-Präzipitation mit YCL058W-A zu erhalten, wurde die Wechselwirkung mit Vti1p optimiert. Dabei ergab eine Datenbankrecherche, dass für den Genabschnitt YCL058W-A zwei Varianten existieren und zwei Methionine in demselben Leserahmen kodiert wurden. Diese beiden Varianten, YCL058W-A (113 AS, kodiert ab dem zweiten Methionin) und YCL058W-A-long (132 AS, kodiert ab dem ersten Methionin *upstream*), wurden in verschiedene Vektoren, die einen Promotor beinhalten, eingebracht und in den Deletionsstamm BYΔycl058c transformiert. Mit den erhaltenen Klonen wurde ein Wachstumstest durchgeführt, um zu überprüfen, ob die YCL058W-Varianten den Wachstumsdefekt der Deletionsmutante BYΔycl058c komplementieren können (s. Abb.4-31). Die Ergebnisse der Wachstumstests mit dem YCL058W-A im 2μ-Vektor pYX242 und im cen-Plasmid pYX142, sowie dem verlängerten YCL058W-A-long zeigten, dass alle drei Varianten den Wachstumsdefekt der Deletionsmutante BYΔycl058c komplementieren konnten. Die Funktion des YCL058C-Leserahmens wird somit durch die verkürzte Version YCL058W-A übernommen.

Zur weiteren Untersuchung der Deletionsmutante BYΔycl058c wurde eine sogenannte *rescue*-Mutante erzeugt, bei der das Gen für YCL058C über das Plasmid pYX142 wieder rücktransformiert wurde. Mithilfe eines Wachstumstests mit dieser Hefemutante konnte überraschend gezeigt werden, dass der

Wachstumsdefekt komplementiert wurde (s. Abb.4-37). Eine Erklärung ist, dass in der kodierenden Sequenz von YCL058C die gesamte kodierende Sequenz des YCL058W-A-Gens und zusätzliche 61 bp vor dem Startcodon des YCL058W-A liegen. Diese kurze Sequenz im untranslatierten Bereich von YCL058W-A könnte eine Promotorfunktion besitzen.

Zum Nachweis einer Interaktion der YCL058-W-A-long Variante wurde dieses Protein mit einem 3HA-*tag* versehen, in den Hefestamm SSY4(Vti1p-TAP) transformiert und die Expression anhand eines Western Blots überprüft. Das YCL058W-A-long-3HA konnte bei einem MW von ca. 20 kDa detektiert werden (berechnetes MW: 20,4 kDa) (s. Abb.4-33). Unterhalb dieser Bande ist eine zweite, schwächere Bande mit einem Molekulargewicht von ca. 18 kDa zu erkennen. Hierbei handelt es sich um die kürzere YCL058W-A-Variante. Vermutlich wird durch den Vektor-kodierten TPI-Promotor das erste Methionin, welches für das YCL058W-A-long kodiert, von der Zelle stärker genutzt, als das zweite Methionin, welches für die kürzere YCL058W-A-Variante kodiert. Anhand der Bandenintensität der beiden Protein-Varianten ist ersichtlich, dass die Zelle verstärkt die längere Variante des YCL058W-Protein produziert. Das kürzere YCL058W-Protein unter endogenem Promotor wird im Vergleich schwächer exprimiert. Mit dem Hefe-Klon YCL058W-A-long wurde eine Aufreinigung nach der TAP-Methode durchgeführt, um eine spezifische Anreicherung von YCL058W-A-long-3HA zu beobachten. Bei der Entwicklung des Blots mit dem HA-Antikörper konnte das Fusionsprotein in der Elutionsfraktion der zweiten Säule sehr schwach bei 20 kDa detektiert werden. Eine spezifische Anreicherung konnte somit in geringem Maße erzielt werden (s. Abb.4-34). Die Entwicklung desselben Blots mit einem Antikörper gegen Vti1p ergab ein eindeutigeres Ergebnis. Hier wurde YCL058W-A-3HA mit 20 kDa unterhalb der Bande für Vti1p-CBD nachgewiesen (s. Abb.4-35).

Aus diesen Ergebnissen kann geschlussfolgert werden, dass auch die verlängerte Variante von YCL058W-A spezifisch mit dem N-Terminus von Vti1p interagiert und über die TAP-Aufreinigung angereichert werden kann.

Über mögliche Funktionen der analysierten Interaktionspartner YCL058W-A und YLL033W für Vti1p lässt sich spekulieren. Bei YCL058W-A handelt es sich um ein Protein mit bislang unbekannter Funktion. Identifiziert wurde es über einen Gendatenbank-*Screen* und reverser Transkription mit anschließender Sequenzanalyse in *Ashbya gossypii*, einem Pilz aus der Saccharomycetaceae-Familie und mit *S. cerevisiae* verwandt (Brachat et al., 2003). Die Struktur dieses Proteins ist unbekannt. Es existieren derzeit keine Informationen über seine Domänenstruktur. Es besteht keine signifikante Homologie zu Proteinen in anderen Organismen. Das Genprodukt von YLL033W ist das Protein Irc19p, ein Protein mit einer vermuteten Funktion im DNA-Metabolismus. Identifiziert wurde dieses Protein durch ein Genom-weites *Screening* nach Deletionen, die zu erhöhten Rad52p-Foci in *S. cerevisiae* führen (Alvaro et al., 2007). Eine Mutation des Proteins führt zu Defekten in der Sporenbildung. Das Irc19p verfügt über eine Domäne der PIR-Superfamilie für die bislang keine Informationen vorliegen. Über charakteristische Domänen oder Motive liegen keine Informationen vor. Das Protein zeigt keine Homologien zu Proteinen aus anderen Organismen.

Ein Problem bei dem Y-2-H Assay kann die Überexpression der Protein darstellen, die möglicherweise zu falsch-positiven Ergebnissen führen kann (Barnard et al., 2008).

5.1.4 Interaktionen von Vti1p mit YJL082W und YKR001C

Eine spezifische Interaktion zwischen YJL082W und Vti1p sollte über einen Yeast-2-Hybrid Assay nachgewiesen werden. In Abb.4-39 konnte kein Wachstum der YJL082W-Hefeklone auf der THULL + 2mM 3-AT-Agarplatte nachgewiesen werden. Ein spezifischer Nachweis einer Interaktion konnte nicht erfolgen.

Das Gen YJL082W kodiert für das Iml2p (*Increased Minichromosome Loss*), ein Protein mit unbekannter Funktion, identifiziert durch eine systematische Studie über unbekannte Proteine in der Hefe *S. cerevisiae*. Es handelt sich dabei um ein mitochondriales Protein über dessen Struktur derzeit keine Informationen vorliegen. Es zeigt keine Homologien zu anderen Proteinen aus höheren Organismen (Entian et al., 1999).

Um die Interaktion von Vti1p und YKR001C (Vps1p: *vacuolar protein sorting*) zu untersuchen, wurde ein Yeast-2-Hybrid Assay durchgeführt. Vps1p ist eine Dynamin-ähnliche GTPase und wird für die vakuoläre Proteinsortierung benötigt (Xu et al., 2004). Der Assay zeigte kein Wachstum des Vps1p-Hefeklons auf der THULL + 2 mM 3-AT-Agarplatte (s. Abb.4-41). Aus den Ergebnissen des Assays lässt sich die Schlussfolgerung ziehen, dass keine Interaktion zwischen Vps1p und Vti1p nachweisbar war. Mögliche Fehlerquellen des Y-2-H-Systems liegen in der Unterdrückung der Selbstaktivierung des *bait*-Fusionsproteins, wodurch der Assay insgesamt sensitiver wird, aber auch eine mögliche, schwache Wechselwirkung nicht mehr nachweisbar wird (falsch-negativer Nachweis). Eine weitere Fehlerquelle könnte die unzureichende Modifikation der überexprimierten Proteine sein. Eine Überexpression im Y-2-H-System erfordert eine zeitgleiche Überexpression der für die Modifikationen verantwortlichen Enzyme. Weitere Fehlerquellen stellen eine mögliche Fehl-Faltung der Fusionsproteine bzw. eine geringe Stabilität dieser Proteine dar.

5.2 Lokalisierung der N-terminal trunkierten Vti1p-Varianten

Um zu untersuchen, ob der N-Terminus von Vti1p einen Einfluss auf die Lokalisierung innerhalb der Hefezelle hat, wurden N-terminal trunkierte Mutanten von Vti1p erzeugt und mit verschiedenen *tags* für die Mikroskopie versehen.

5.2.1 Lokalisierung von Vti1p(Q116)-HA, Vti1p(M55)-HA und Vti1p(wt)-HA

Zur Untersuchung des Einflusses des N-Terminus auf die intrazelluläre Lokalisierung von Vti1p wurden N-terminal trunkierte Vti1p-Varianten mit einem N-terminalen 3HA-*tag* fusioniert und mikroskopiert. Wie aus Abb.4-42 zu entnehmen, konnte kein eindeutiger Unterschied in der Verteilung von Vti1p bei den beiden N-terminalen Mutanten festgestellt werden. Bei beiden Vti1p-Varianten, Vti1p(Q116)-HA und Vti1p(M55)-HA, waren gleichmäßig verteilte, punktierte Strukturen erkennbar. Die Wildtyp-Variante Vti1p(wt)-HA zeigte ein anderes Verteilungsmuster. Vti1p war hier um die Vakuole herum verteilt. Eine mögliche Erklärung für diese Unterschiede kann sein, dass bestimmte Bereiche des N-Terminus von Vti1p verantwortlich für seine Sortierung bzw. Rekrutierung sein könnten.

Die Expression der HA-markierten Vti1p-Varianten wurde mittels eines Western Blots überprüft (s. Abb.4-43). Die Ergebnisse des Western Blots zeigten keinen Nachweis der HA-markierten Vti1p-Proteine. Vti1p(Q116)-HA sollte über ein berechnetes MW von 15 kDa verfügen, im Blot zeigte sich eine schwache, unspezifische Bande bei ca. 30 kDa. Aus vorherigen Untersuchungen ist bekannt, dass das Vti1p(Q116)-HA bei ca. 18 kDa detektiert wurde (Chidambaram, unveröffentlichte Daten). Das Vti1p(M55)-HA hat ein theoretisches MW von 21,9 kDa. Auf dem Blot konnte es mit einer Bande bei ca. 28 kDa detektiert werden. Dieser Befund ist konsistent mit vorherigen Untersuchungen (Chidambaram, unveröffentlichte Daten). Vti1p(wt)-HA sollte ein theoretisches MW von 28 kDa haben und konnte bei dem entsprechenden MW auf dem Blot nachgewiesen werden. Für eine erfolgreiche Detektion des HA-*tags* spricht, dass bei Vti1p(M55)-HA und Vti1p(wt)-HA die unspezifische Bande des HA-Antikörpers bei 50 kDa sichtbar war.

Um einen deutlicheren, mikroskopischen Nachweis zu erhalten, wurden die N-terminalen Vti1p-Varianten mit einem GFP-*tag* versehen.

5.2.2 Lokalisierung von Vti1p(Q116)-GFP, Vti1p(M55)-GFP und Vti1p(wt)-GFP

Als Alternative zu der HA-Immunfluoreszenz wurden die Vti1p-Varianten C-terminal mit einem GFP-*tag* modifiziert. Zur Expression wurde der Vektor pGFP-C-FUS gewählt. Hierbei handelt es sich um ein cen-Plasmid, in dem das Fusionsprotein unter der Kontrolle des MET25-Promotors steht. Dieses Konstrukt wurde in den Hefestamm FVMY6 pfvm16 eingebracht und eine spezifische Selektion auf das GFP-Plasmid durchgeführt, um die modifizierten Vti1p-Varianten als alleinige Quelle für Vti1p in der Hefemutante zu etablieren. Bei der Mikroskopie konnte nur ein sehr schwaches GFP-Signal detektiert werden. Es konnten keine Unterschiede in der intrazellulären Lokalisierung der N-terminalen Vti1p-Mutanten festgestellt werden. Eine mögliche Erklärung für das schwache

GFP-Signal ist, dass der GFP-Teil des Fusionsproteins, durch das C-terminale Anfügen an das Vti1p, falsch gefaltet sein könnte. Eine Falschfaltung von GFP hat einen drastischen Intensitätsabfall zur Folge. Gegenüber Veränderungen des pH-Wertes, der Inkubationstemperatur oder der Bestrahlungsintensität zeigt sich GFP stabil (Patterson et al., 1997). Das GFP-*tag* kann zusätzlich die Membran-Assoziation von markierten Proteinen, beispielsweise von Rab-Proteinen, inhibieren (Simpson et al., 2000). Vermutlich wird das GFP luminal in der Vakuole vom Vti1p abgespalten, obwohl es relativ resistent gegenüber Proteasen ist.

5.2.3 Lokalisierung von eGFP-Vti1p(Q116), eGFP-Vti1p(M55) und eGFP-Vti1p(wt)

Die *enhanced* GFP (eGFP)-Variante wurde zur Optimierung der Signalintensität an die trunkierten Vti1p-Proteine angefügt. Dadurch sollte eine 40 mal stärkere Intensität als GFP erreicht werden (Cormack et al., 1997). Für diese Modifikation der Vti1p-Varianten mit eGFP wurden zwei Methoden angewandt. Es wurden C-terminal mit eGFP gekoppelte Vti1p-Fusionsproteine erzeugt. Dazu wurde der pUG35-Vektor (MET25-Promotor, cen-Plasmid) benutzt und in den Hefestamm FVMY5 pfvm28 eingebracht. Zur Etablierung der eGFP-Varianten als alleinige Vti1p-Quelle wurde spezifisch auf dieses Plasmid selektiert. Die Mikroskopie mit diesen Vti1p-Fusionsproteinen ergab nur ein schwaches Signal für das C-terminale eGFP-Vti1p. Es waren keine Unterschiede in der Verteilung der verschiedenen N-terminalen Vti1p-Mutanten zu erkennen (s. Abb.4-47). Eine Erklärung für diese Resultate könnte sein, dass der eGFP-Teil bei C-terminaler Kopplung falsch gefaltet wird. Ferner benötigt das eGFP-Chromophor Sauerstoff für die Fluoreszenzemission. Der Redox-Zustand der Zelle hat demnach einen Einfluss auf die GFP-Fluoreszenz (Cormack et al., 1997). Es ist bekannt, dass im ER die oxidative Proteinfaltung stattfindet. Das ER-Protein Ero1p katalysiert dabei die Disulfidbrücken-Bildung und nutzt hierfür eine Flavin-abhängige Reaktion, um die Elektronen für die Oxidation auf molekularen Sauerstoff zu übertragen. Eine erhöhte Ero1p-Aktivität, aufgrund der Überexpression der eGFP-markierten Proteine, kann zu einer erhöhten Produktion von reaktiven Sauerstoff-Spezies und zu einem erhöhten Verbrauch von Reduktionsäquivalenten (FAD) innerhalb der Zelle führen (Tu *et al.*, 2004). Diese Überbelastung der ER-Proteinfaltungsmaschinerie könnte eine Erklärung für eine Falschfaltung des eGFP-Vti1p sein. Eine weitere Erklärung für das schwache eGFP-Signal könnte sein, dass der GET-Komplex, welcher für die korrekte Insertion von C-terminalen TMD-Proteinen in das ER verantwortlich ist, mit der Überproduktion und der Größe des eGFP-Vti1p-Fusionsproteins überfordert ist und für eine akkurate Insertion nicht mehr sorgen kann (Schuldiner *et al.*, 2008). Im Falle des Säuger-SNAREs Synapto-pHluorin konnte eine GFP-gekoppelte Proteinvariante erfolgreich mikroskopiert werden (Sankaranarayanan *et al.*, 2001).

Als weitere Alternative wurden die N-terminal trunkierten Vti1p-Proteine mit einem N-terminalen eGFP-*tag* modifiziert. Der hierfür benutzte Vektor war der pUG36-Vektor (MET25-Promotor, cen-Plasmid) und wurde, nach erfolgreicher Klonierung, in den Hefestamm FVMY5 pfvm28 transformiert. Nach einer Selektion der Hefezellen auf das eingebrachte Konstrukt wurde das bereits vorliegende Vti1p entfernt. Mit den erhaltenen Hefe-Klonen wurde eine Fluoreszenz-Mikroskopie durchgeführt und es zeigte sich, dass die Lokalisierung der N-terminal verkürzten Varianten deutlich unterschiedlich zu der Lokalisierung des Wildtyps war (s. Abb.4-52).

Das eGFP-Vti1p(Q116) zeigte eine Verteilung zur Plasmamembran und um die Vakuole herum. Innerhalb des Cytoplasmas wurden punktierte Strukturen sichtbar, was auf eine eventuelle Akkumulation von Vti1p(Q116) in Clustern schließen lässt.

Die intrazelluläre Verteilung von eGFP-Vti1p(M55) war vakuolär und endosomal lokalisiert. Es zeigte sich keine Rekrutierung zur Plasmamembran.

Die eGFP-markierte Wildtyp-Form von Vti1p zeigte eine Lokalisierung an der Vakuole, bzw. in der Vakuole. Eine Sortierung über den ESCRT-Komplex in die Membran der internen Vesikel der späten Endosomen führt zu einer Lokalisierung im Vakuolenlumen (Katzmann *et al.*, 2001).

Um die korrekte Expression der eGFP-modifizierten Vti1p-Mutanten zu kontrollieren, wurde ein Western Blot durchgeführt. Der Blot der Abb.4-52 zeigte, dass eine zusätzliche Bande für die eGFP-Version von Vti1p nachgewiesen werden konnte. Die Mutante eGFP-Vti1p(Q116) sollte ein berechnetes MW von

38,6 kDa besitzen, das im Western Blot bestätigt werden konnte. Natives Vti1p wurde für diese Mutante nicht nachgewiesen. Das berechnete MW für eGFP-Vti1p(M55) betrug 45,5 kDa. Eine entsprechende Bande wurde, neben weiteren Nebenprodukten, durch den Blot bestätigt. Offenbar haben nicht alle Zellen das für VTI1-kodierende Plasmid verloren, deshalb wurde natives Vti1p als schwache Bande bei 26 kDa nachgewiesen. Die eGFP-Wildtyp-Variante sollte ein berechnetes MW von 51,6 kDa aufweisen, im Blot konnte die Mutante mit einem Molekulargewicht von ca. 45 kDa als schwache Bande detektiert werden. Darüber hinaus wurde natives Vti1p als intensive Bande bei 26 kDa nachgewiesen.

Durch einen Carboxypeptidase Y-*Overlay* Assay ist es möglich, den vesikulären Transport vom TGN zu den Endosomen zu überprüfen, um festzustellen, ob die erzeugten Vti1p-Varianten einen Defekt aufweisen. Die N-terminal verkürzten Vti1p-Mutanten sollten, aufgrund eines Defekts in diesem Transportschritt, die CPY sekretieren (Veith, unveröffentlichte Daten). In Abb.4-53 konnte keine CPY-Sekretion bei den Mutanten nachgewiesen werden, was darauf schließen lässt, dass die Restkonzentration an nativem Vti1p in den Mutanten möglicherweise ausreicht, um diesen Defekt zu kompensieren.

Es ist bekannt, dass Vti1p beim anterograden und retrograden Transport vom TGN zu den Endosomen beteiligt ist (Fischer von Mollard *et al.*, 1999). Für eine Co-Lokalisierung mit DsRed-FYVE, einem Endosomen-Marker (Proszynski *et al.*, 2005), wurde dieses Plasmid in die eGFP-Vti1p exprimierenden Hefemutanten transformiert. Eine Mikroskopie dieser Zellen ergab keine Co-Lokalisierung der eGFP-Vti1p-Varianten mit den Endosomen. Das DsRed-FYVE Signal war zu schwach und zu unspezifisch, um aussagekräftige Daten zu liefern (s. Abb.4-56). Als eine weitere Möglichkeit der Co-Lokalisierung wurde eine Färbung der Vakuolen mit dem Farbstoff FM4-64 gewählt.

Das Vti1p spielt eine Rolle beim Transport vom TGN zur Vakuole und bei der homotypischen Vakuolenfusion (Ungermann *et al.*, 1999). Zur Co-Lokalisierung von eGFP-Vti1p wurde daher FM4-64 als Marker der Vakuole eingesetzt. Dieser Farbstoff wurde dem Medium zugesetzt und von den Zellen endocytiert. FM4-64 färbt in einem zeit-, temperatur- und energie-abhängigen Prozess zunächst die

Plasmamembran, dann die cytoplasmatischen Kompartimente und zuletzt die vakuoläre Membran (Vida et al., 1995). Eine Mikroskopie der gefärbten eGFP-Vti1p-Mutanten bestätigte die Ergebnisse der eGFP-Fluoreszenz ohne FM4-64-Färbung. Im Falle von eGFP-Vti1p(Q116) konnte keine Co-Lokalisierung mit der Vakuolenmembran festgestellt werden. Eine schwache Co-Lokalisierung zeigte sich bei eGFP-Vti1p(M55). In dieser Mutante scheint ein Anteil des modifizierten Vti1p in bzw. an die Vakuolen transportiert worden zu sein. Deutlichere Ergebnisse lieferte die Mikroskopie mit der Wildtyp-Variante. Hier konnte durch die intensive Gelbfärbung eindeutig ein Transport von eGFP-Vti1p(wt) in die Vakuole beobachtet werden.

Bei der Lokalisierung von eGFP-Vti1p(Q116) könnte es sein, dass der N-Terminus wichtig für die korrekte Sortierung und Rekrutierung ist. Hier liegt kein natives Vti1p mehr vor, so dass die Zelle auf die N-terminal verkürzte Version angewiesen ist. Fehlt dieses Sortierungssignal im N-Terminus, könnte eine Akkumulation des eGFP-Vti1p(Q116) an der Plasmamembran auftreten, erkennbar an der intensiv fluoreszierenden Plasmamembran innerhalb der Zelle (s. Abb.4-52 und 4-57). Anhand der FM4-64-Färbung der Vakuole ist ersichtlich, dass die Vakuole intakt ist (s. Abb.4-57). Die Aminosäuren M55 bis Q116 scheinen einen deutlichen Einfluss auf die Lokalisierung zu haben.

Die Lokalisierung von eGFP-Vti1p(M55) entspricht dem Muster des eGFP-Vti1p-Wildtyps (s. Abb4-52 und 4-57) und lässt vermuten, dass die Aminosäuren M1 bis Q54 keinen direkten Einfluss auf die Lokalisierung von Vti1p haben.

In dem eGFP-Vti1p(wt)-Klon liegt zusätzlich das native Vti1p vor. Die Zelle ist für ihre Viabilität nicht auf die eGFP-Variante angewiesen. Es lässt sich vermuten, dass die modifizierte Version zum proteolytischen Abbau in die Vakuole transportiert wird (s. Abb.4-52 und 4-57). Vti1p ist mit einer Halbwertszeit von ca. 4 h sehr stabil und wird in der Vakuole abgebaut (Chidambaram, Dissertation 2005). Aus den erhaltenen Daten ist nicht erkennbar, ob das eGFP-Vti1p(wt) instabiler ist als das unmarkierte Vti1p. Bei einer Untersuchung von Vti1p mithilfe der Immunfluoreszenz-Mikroskopie zeigte sich, dass das Vti1p nur in geringem Maße in der Vakuolenmembran lokalisiert war. Eine Überexpression erhöhte den Gehalt an Vti1p in der Vakuole (Fischer von Mollard, unveröffentlichte Daten). Es bleibt unklar, ob das eGFP-Vti1p(wt) wegen der Überexpression stark vakuolär lokalisiert ist, oder ob dieser Effekt in einer Störung der Sortierung begründet liegt. Eine Fluoreszenz-Mikroskopie des eGFP-Vti1p(wt) unter nativem Promotor zeigte ein ähnliches Lokalisierungsmuster wie das eGFP-Vti1p(wt) unter dem MET25-Promotor (Gossing, Diplomarbeit 2009). Somit verändert das N-terminale GFP die Lokalisierung.

Eine Funktion des N-Terminus von Vti1p kann, anhand der Daten der Fluoreszenz-Mikroskopie, in der Rekrutierung und Sortierung von Vti1p liegen, ähnlich zu der Funktion des N-Terminus von Sec22p und Vam7p. Eine Deletion der N-terminalen Domäne führt, wie im Falle von Vti1p(Q116), zu einer Fehllokalisierung innerhalb der Hefezelle.

5.3 Produktion von Channelrhodopsin-2 in *Pichia pastoris*

In diesem Kooperationsprojekt zwischen dem Institut für Biochemie III und dem Institut für Physikalische Chemie III soll die Funktion des Channelrhodopsins-2 mithilfe der oberflächenverstärkten Infrarot-Differenz- Absorptionsspektroskopie (SEIDAS) untersucht werden. Um eine hohe Ausbeute an rekombinanten Protein zu erhalten, wurde der methylotrophe Hefestamm *Pichia pastoris* als Produktionsorganismus gewählt.

Hefen bieten als Wirtsorganismen zur Überexpression rekombinanter Proteine einige Vorteile: die Kultivierung ist in der Regel einfach. Hefen stellen im Vergleich zu Zelllinien höherer Organismen geringere Ansprüche an das Medium und die Kultivierungsbedingungen. Sie verfügen über einen eukaryotischen Proteinsyntheseapparat und können die nötigen Schritte zur korrekten posttranslationalen Modifikation, wie z. B. die proteolytische Prozessierung, Faltung, Bildung von Disulfidbrücken und Glykosylierungen, von Proteinen höherer Organismen durchführen (Cereghino *et al.*, 2000). Durch die Verwendung von *P. pastoris* als Modellorganismus lassen sich auch schwer zu exprimierende Membranproteine wie G-Protein gekoppelte Rezeptoren (GPCRs) funktionell und in hoher Konzentration exprimieren und über ein zusätzliches Sekretionssignal (α-Faktor) in die Membran insertieren (André *et al.*, 2006).

5.3.1 Expression von Channelrhodopsin-2 in *P. pastoris*

Zur Transformation des *P. pastoris*-Stammes SMD1163 wurden zwei Methoden angewandt, die Elektroporation und die Transformation mit Polyethylenglykol 1000 (PEG1000). Anhand der Tabelle 4-22 konnte gezeigt werden, dass die Elektroporation nur wenig Klone lieferte, die zudem nur auf geringen Geneticin-Konzentrationen wuchsen. Ihre Expression von Channelrhodopsin-2 wurde durch einen Western Blot überprüft und es konnte keine Expression nachgewiesen werden. Durch die Verwendung des Protease-defizienten *Pichia*-Stamm SMD1163 kann die Transformation erschwert werden. Generell zeigen mutierte *Pichia*-Stämme im Vergleich zum Wildtyp ein langsameres Wachstum und eine kürzere Lebensdauer (Viabilität) (Cereghino *et al.*, 2000). Die PEG1000-Transformation verlief erfolgreicher. Es konnten aus ca. 4000 Klonen zwölf Klone isoliert werden, die auf Geneticin-haltigem Medium wachsen. Gegen hohe Konzentrationen an Geneticin waren diese Klone nicht resistent, so dass nur Klone erhalten wurden, die eine Resistenz gegen 0,5 bis 0,75 mg/mL G418 zeigten (s. Tab.4-23). Laut André *et al.* korreliert eine hohe G418-Resistenz nicht in allen Fällen auch mit einer erhöhten Expression (André *et al.*, 2006). Durch die Überprüfung der ChR2-Expression der PEG1000-Klone zeigte sich im Blot eine Doppelbande bei ca. 40 kDa (s. Abb.4-59). Das berechnete MW für ChR2-RGS-6His lag bei ca. 36 kDa. Eine mögliche Erklärung für diese Diskrepanz könnte die Modifikation des rekombinanten Proteins sein. Es ist bekannt, dass *P. pastoris* eine erhöhte O-Glykosylierung durchführt (Macauley-Patrick *et al.*, 2005). Allerdings haben funktionellen Untersuchungen ergeben, dass der verwendete *Pichia*-Stamm die korrekte *N*-Glykosylierung für ChR2 durchführt (Kirsch, Dissertation 2007). Es kann vermutet werden, dass das RGS-6His *tag* einen Einfluss auf die posttranslationalen Glykosylierungen haben könnte, was in einer fehlerhaften Faltung des Channelrhodopsin-2 resultiert. Die korrekte Faltung von rekombinanten Proteinen kann durch äußere Faktoren wie z.B. der Temperatur, dem pH-Wert und der Konzentration an Salzen beeinflusst werden. Bestimmte Membranproteine haben für ihre Aktivität und Stabilität spezielle Anforderungen an Lipide und Sterole. Weiterhin ist eine Expression im Schüttelkolben nicht optimal, aufgrund des erschwerten Sauerstofftransfers, dem geringen Volumen und der möglicherweise unzureichenden Substratzugabe. Diese wichtigen Parameter lassen sich nur in einem Bioreaktor genau messen und kontrollieren (Macauley-Patrick et al., 2005).

5.3.2 Optimierung der Channelrhodopsin-2 Produktion

Um die Produktion von Channelrhodopsin-2 zu optimieren, wurde die Expression über einen Zeitraum von 56 h verfolgt. Aus den Ergebnissen des Blots ließ sich ableiten, dass die optimale Produktion von ChR2 nach 48 h Inkubation in BMMY-Medium erreicht wurde (s. Abb.4-60).

Das ChR2 zeigte zudem ein korrektes Molekulargewicht von 36 kDa. Weitere Optionen zur Erhöhung der Proteinausbeute können die Erniedrigung der Inkubationstemperatur sein, wobei eine Temperaturspanne von 18 bis 24°C zu empfehlen ist. Durch die Absenkung der Temperatur findet eine verlangsamte Proteinproduktion statt, die eine Überbelastung der Translokationsmaschinerie verhindert. Zusätzlich wird die Proteolyse reduziert und durch die erhöhte Produktion von Kälteschock-Proteinen (Chaperonen) kann ein höherer Gehalt an korrekt gefaltetem Protein erreicht werden. Eine weitere Möglichkeit zur Optimierung der Ausbeute ist die Zugabe von 2,5 % DMSO zum Expressionsmedium. Hierdurch wird die Lipidsynthese hochreguliert, was einen positiven Effekt auf Membranproteine hat. Durch eine Änderung in der Membranzusammensetzung wird diese permeabler und könnte die Insertion des rekombinanten, membranständigen ChR2 erleichtern. André et al konnten somit ihre Ausbeute an korrekt gefalteten GPCRs bei etwa gleicher Proteinmenge um das Sechsfache erhöhen (André et al., 2006). Durch Zugabe von 0,04 % Histidin zum Medium konnten André et al ihre Ausbeute verdoppeln. Der positive Effekt des Histidins liegt dabei in der Wirkung als physiologisches „Antioxidants". Histidin kann die Zellen vor möglichen toxischen Nebeneffekten schützen (André et al., 2006).

Ein Problem, das bei der Gewinnung von ChR2 aus größeren Kulturvolumina auftrat, war, dass der Aufschluss nicht vollständig erfolgte und die Mehrzahl der Zellen noch intakt blieben. Es konnte nur sehr wenig Protein mithilfe der Nickel-

NTA-Affinitätschromatographie gewonnen werden. Darüber hinaus zeigte das Protein in der Spektroskopie keinen Retinaleinbau (Melanie Nack, PCIII, persönliche Kommunikation). Für den Aufschluss wurde die French Press benutzt. Als Alternative zu dieser Methode können Ultraschall oder *glass beads* verwendet werden. Für die anschließende Membran-Präparation sind diese alternativen Aufschluss-Methoden eher zu empfehlen (Macauley-Patrick *et al.*, 2005). Als mögliche Ursache für die geringe Proteinkonzentration nach der Chromatographie kann der Einschluss des Proteins in sogenannte *inclusion bodies* in Frage kommen. Durch die erhöhte Produktion des ChR2 kommt es zur Überlastung der Translokationsmaschinerie und das Protein kann nicht mehr korrekt gefaltet und in die ER-Membran insertiert werden. Letztendlich erfolgt eine Ansammlung von ChR2 in *inclusion bodies*. Eine weitere Erklärung wäre, dass das Protein im endoplasmatischen Retikulum oder im Golgi-Apparat verbleibt und nicht weiter zur Plasmamembran transportiert wird. Die Ursache des Funktionsverlustes des ChR2 kann dadurch erklärt werden, dass kein Chromophor in das Protein eingebaut wurde.

5.3.3 Einzelaminosäure-Mutanten von Channelrhodopsin-2

Der Aminosäure-Austausch E123D betrifft das Glutamat in direkter Nähe zur Retinal-Bindestelle. Das Channelrhodopsin-2 E123D bleibt dabei funktionsfähig. Die Mutante E123Q zeigt jedoch keinen licht-induzierten Photostrom und einen reduzierten, stationären Photostrom. Weiterhin findet die licht-induzierte Protonierung an einer anderen Stelle im Protein statt, was mit einer allgemeinen Desensibilisierung des ChR2 einhergeht. Die Aminosäure E123 ändert die Protonierung im Photozyklus von ChR2 (Nagel *et al.*, 2003).

In Abbildung 5-2 sind die wichtigen Aminosäuren um die Chromophor-Bindestelle dargestellt.

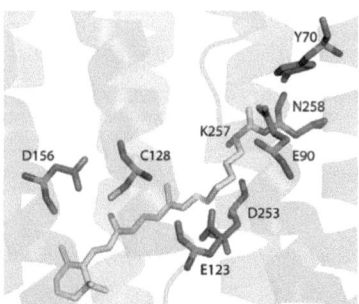

Abb.5-2 Wichtige Aminosäuren in der Nähe des Retinals im ChR2. Das Retinal ist gelb gefärbt (aus: Radu et al., 2009).

In Abb.5-2 ist gezeigt, dass das Retinal an die Aminosäure K257 gebunden ist. Eine weitere wichtige Aminosäure ist das D156. Im Grundzustand von ChR2 ist das D156 protoniert. Bei der Photoaktivierung von ChR2 erfährt das Aspartat eine strukturelle Änderung und bildet dabei eine Wasserstoffbrücke zu dem benachbarten Cystein 128 aus. Diese strukturelle Änderung begünstigt den Ioneneinstrom durch ChR2 (Radu et al., 2009). Bei der D156E-Variante ist ebenfalls eine Aminosäure in der Nachbarschaft zur Retinal-Bindestelle ausgetauscht. Es sollten daher ähnliche Effekte wie bei der E123D-Mutante zu erwarten sein.

Der Austausch des E235 gegen Aspartat betrifft das Protonen-Leitungsnetzwerk innerhalb des Proteins (Nagel et al., 2003). Ein vermuteter Effekt könnte der Verlust oder die Veränderung des Protonen-induzierten Photostroms sein. Durch diesen Austausch wird die Anzahl der Methylgruppen geändert, was eine Änderung an einer Schlüsselstelle des Protonen-Leitungsnetzwerks im ChR2 verursachen kann. Diese Änderung ist spektroskopisch messbar.

Die Mutation S245E betrifft ein konserviertes Serin in der Transmembran-Domäne des ChR2. Dieses Serin entspricht dem E204 im homologen Bakteriorhodopsin. Dort ist diese Aminosäure an der Protonen-Leitung beteiligt. Die Mutation des Serins in ein Glutamat im ChR2 könnte die Protonen-Leitung des Bakteriorhodopsins simulieren.

5.4 Ausblick

Die Expression von Vti1p-TAP unter dem natürlichen Promotor würde sich für eine Optimierung der TAP-Methode anbieten. Hierdurch könnten weniger nicht-native Interaktionspartner angereichert werden. Ein Nachteil könnte die Kompetition um potenzielle Bindungspartner zwischen dem Vti1p-TAP und dem endogenen Vti1p sein. Ferner kann ein verbessertes TAP-*tag* mit zwei TEV-Protease Spaltstellen zur Optimierung beitragen. Durch die zweite Spaltstelle kommt es zu einer Erhöhung der TEV-Spalteffizienz, wobei weniger TEV-Protease benötigt wird (Knuesel et al., 2003). Als Alternative zum TAP-*tag* bietet sich das sogenannte GS-TAP-*tag* an. Es besteht aus einem Streptavidin Bindepeptid (SBP) und einer Protein G-Einheit. Unter Verwendung des GS-TAP-*tags* lässt sich die Effizienz der Aufreinigung um das 10fache gegenüber der herkömmlichen TAP-Methode steigern (Collins et al., 2008). Ein weiteres, alternatives *tag* stellt das *split*-Ubiquitin-*tag* dar. Diese Methode ermöglicht eine effiziente Identifizierung von Membran- und Membran-assoziierten Protein - Protein-Interaktionen (Barnard et al., 2008). Zur Verbesserung der massenspektrometrischen Untersuchung könnte die sogenannte *multidimensional protein identification technology* (MudPIT)-Methode angewandt werden. Hierbei wird das Ausschneiden von interagierenden Proteinen mit dem markierten Zielprotein aus dem SDS-Gel umgangen, in dem die tryptisch gespaltenen Peptide durch eine Kapillarchromatographie aufgetrennt und mit einem gekoppelten Ionenfalle-Massenspektrometer sofort analysiert werden (Graumann et al., 2003).

Als alternative Methode zur herkömmlichen GFP-Fluoreszenz-Mikroskopie könnte die Anwendung der sogenannten *bimolecular fluorescence complementation* (BiFC) dienen. Hierbei reassemblieren zwei nicht-fluoreszierende Fragmente von eGFP (hapto-eGFP) *in vivo* bei einer Interaktion zwischen zwei Proteinen und erlangen dabei die Fluoreszenz wieder zurück. Diese Methode ermöglicht die Detektion von schwachen Wechselwirkungen mit kurzer Halbwertszeit und erlaubt auch die Lokalisierung von Proteininteraktionen innerhalb der Zelle (Barnard et al., 2008). Ein Nachteil dieser Methode ist, dass diese Interaktion irreversibel ist.

Weitere Arbeiten an dem Channelrhodopsin-2 Projekt sollten die Testexpression und Aufreinigung der mutierten Channelrhodopsin-2 Proteine umfassen. Eine anschließende Funktionsanalyse könnte interessante Daten über den Einfluss der eingefügten Einzelaminosäure-Mutationen im Protein liefern. Zur Optimierung und Erhöhung der Produktion von Channelrhodopsin-2 könnte die Expression in einem Bioreaktor behilflich sein. Eine bessere Kontrolle der Wachstums- und Expressionsparameter würde dadurch ermöglicht werden.

6 Zusammenfassung

Im ersten Projekt dieser Arbeit sollten Interaktionspartner des N-Terminus des Qb-SNAREs Vti1p mithilfe der TAP (*tandem affinity purification*)-Methode und anschließender MALDI-TOF Massenspektrometrie identifiziert werden. Nach der Optimierung der TAP-Methode für Vti1p konnten fünf potentielle Interaktionspartner nachgewiesen werden. Zusätzlich konnte die bekannte Interaktion zwischen Vti1p und Ent3p mithilfe der TAP-Aufreinigung und erstmalig durch eine Co-Präzipitation bestätigt werden. Dieses Experiment diente zur Überprüfung, ob die erhaltenen Ergebnisse aus der TAP-Methode valide sind. Es wurden folgende fünf Kandidaten nach einer MASCOT-Datenbankabfrage identifiziert: YCL058W-A, YLL033W, YOL045W, YKR001C und YJL082W. Daneben wurden viele nicht-nativ wechselwirkende Proteine, wie z.b. Chaperone und Enzyme des Cytosols nachgewiesen. Bei YCL058W-A handelt es sich um ein Protein mit unbekannter Funktion. Es existieren zwei Varianten dieses Proteins YCL058W-A und YCL058C. Durch die Modifikation des Proteins mit einem HA-*tag* konnte durch eine Co-Präzipitation mit Vti1p-TAP eine schwache Interaktion nachgewiesen werden, diese wurde durch einen anschließenden Yeast-2-Hybrid Assay bestätigt. Das Gen YLL033W kodiert für ein Protein mit unbekannter Funktion. Durch die Modifikation mit einem HA-*tag*, nachfolgender Co-Präzipitation mit Vti1p-TAP und Validierung durch einen Y-2-H Assay wurde eine schwache Wechselwirkung nachgewiesen. Ein weiterer Kandidat war Psk2p. Dieses Protein ist eine Serin/Threonin-Kinase und ist am Zuckermetabolismus beteiligt. Eine Interaktion mit Vti1p konnte mittels Y-2-H Assays nicht bestätigt werden. Als weiterer Interaktionspartner wurde das Vps1p identifiziert. Dieses Protein ist eine Dynamin-ähnliche GTPase und ist an dem Transport von Cargo in die Vakuole, sowie an der Organisation des Cytoskeletts beteiligt. Ein Nachweis einer Interaktion mit Vti1p konnte mithilfe eines Y-2-H Assays nicht erbracht werden. Der fünfte identifizierte Interaktionspartner war das Gen YJL082W. Eine Funktion für das kodierte Protein Iml2p ist derzeit nicht bekannt und es wurde vornehmlich in Mitochondrien detektiert. Eine Interaktion mit Vti1p konnte durch einen Y-2-H Assay nicht bestätigt werden.

Im zweiten Projekt sollten N-terminal trunkierte Vti1p-Mutanten mikroskopisch untersucht werden, um einen möglichen Einfluss des N-Terminus auf die intrazelluläre Lokalisierung festzustellen. Hierzu wurden verschiedene Modifikationen an den Proteinvarianten durchgeführt (HA-, GFP- und eGFP-*tag*), sowie Färbungen von Kompartimenten vorgenommen, um eine Co-Lokalisierung zu ermöglichen. Bei der Mutante, dessen N-Terminus etwa zur Hälfte intakt war, sowie beim Wildtyp zeigte sich eine Verteilung an die Vakuole, bzw. in die Vakuole. Es zeigte sich, dass bei der Mutante, der der N-Terminus fehlt, eine Lokalisierung zur Plasmamembran, sowie in punktierten Strukturen innerhalb der Zelle auftrat. Die Deletion der Aminosäuren M1 bis Q54 hat keinen Einfluss auf die zelluläre Lokalisierung von Vti1p. Daraus kann geschlossen werden, dass der N-Terminus eine mögliche Sortierungs- bzw. Rekrutierungsfunktion aufweist.

Beim dritten Projekt handelt es sich um ein Kooperationsprojekt zwischen den Arbeitsgruppen BCIII und PCIII. Das licht-induzierbare Kationkanalprotein Channelrhodopsin-2 wurde in hoher Ausbeute in der methylotrophen Hefe *Pichia pastoris* produziert. Für die Affinitätschromatographie wurde das Protein mit einem zusätzlichen RGS-6HIS-*tag* versehen, um für anschließende, spektroskopische Funktionsuntersuchungen in genügender Reinheit vorzuliegen. Zusätzlich wurden gezielte Einzelaminosäure-Mutanten des Proteins erzeugt, um den Einfluss von strukturell wichtigen Aminosäuren auf die Funktion des Channelrhodopsins-2 zu untersuchen.

summary

In the first project of this thesis possible interactions partners with the N-terminus of the Qb-SNARE Vti1p should be identified using the tandem affinity purification (TAP) method. Interaction partners were identified by MALDI-TOF mass spectrometry. Five potential interacting proteins could be identified by using the MASCOT database, YCL058W-A, YLL033W, YOL045W, YKR001C and YJL082W. Beside these proteins a number of non-native proteins were detected, i.e. chaperones and cytosolic enzymes. YCL058W-A is a protein with unknown function. Two variants of this protein exist: YCL058W-A and YCL058C. By modification of this protein with a HA-tag it was possible to co-precipitate these proteins with Vti1p-TAP showing a weak interaction. This interaction was confirmed by a Yeast-2-Hybrid assay. YLL033W codes for a protein with unknown function. By tagging it with HA a weak interaction was detectable by co-precipitation with Vti1p-TAP. This result was confirmed by a Y-2-H assay. The next candidate was YOL045W, a gene which encodes a serine/threonine kinase and is involved in the sugar metabolism. It was not possible to clarify a interaction with Vti1p. Another candidate was YKR001C. It encodes a protein which acts as a dynamin-like GTPase and is involved in cargo transport into the vacuole and cytoskeleton organisation. The interaction could not be verified by a Y-2-H assay. The last interacting candidate was YJL082W. It encodes for a protein with unknown function. It was detected in mitochondria. An interaction was not detectable by a Y-2-H assay.

In a second project N-terminal truncated Vti1p-mutants should be localised by microscopy to investigate a possible effect on intracellular localisation. The mutants were modified with HA-, GFP- and eGFP-tags. Compartments were stained for co-localisation. It could be shown, that a deletion of the complete N-terminus leads to a mislocalisation to the plasmamembrane and an accumulation in punctured structures within the cytosol. The partly deleted mutant and the wild type showed a localisation of tagged Vti1p around the vacuole and into the vacuole. It could be concluded that the N-terminus has a function as a sorting- or recruiting-signal for Vti1p.

The third project was a cooperation between the groups of BCIII and PCIII. It dealt with the efficient expression of the light-inducible cation channel protein Channelrhodopsin-2 in the methylotrophic yeast *Pichia pastoris*. the protein was modified with a RGS-6HIS-tag for efficient purification by affinity chromatography. The purified protein was destined for functional analysis by IR-spectroscopy. To analyse the function of Channelrhodopsin-2 in more detail, single amino acid mutants were created to study their influence on Channelrhodopsin-2 function.

7 Literaturverzeichnis

Agarraberes, F., J. Dice (2001). „Protein translocation across membranes." *Biochim. Biophys. Acta* **1513** (1): 1 – 24.

Ahner, A., J. Brodsky (2004). „Checkpoints in ER-associated degradation: excuse me, which way to the proteasome?." *Trends Cell Biol.* **14** (9): 474 – 478.

Alvaro, D., M. Lisby, R. Rothstein (2007). „Genome-wide analysis of Rad52 foci reveals diverse mechanisms impacting recombination." *PloS Genet.* **3** (12): e228.

André, N., *et al.* (2006). „Enhancing functional production of G protein-coupled receptors in *Pichia pastoris* to levels required for structural studies via a single expression screen."*Protein Sci.* **15**: 1115 – 1126.

Antonin, W., I. Dulubova, D. Arac, S. Pabst, J. Plitzner, J. Rizo, R. Jahn (2002). „The N-terminal domains of syntaxin 7 and vti1b from three-helix bundles that differ in their ability to regulate SNARE complex assembly." *J. Biol. Chem.* **277** (39): 36449 – 36456.

Bamann, C., T. Kirsch, G. Nagel, E. Bamberg (2008). „Spectral characteristics of the photocycle of Channelrhodopsin-2 and its implication for channel function." *J. Mol. Biol.* **375**: 686 – 694.

Bard, F., V. Malhotra (2006). „The formation of TGN-to-plasma-membrane transport carriers." *Annu. Rev. Cell. Dev. Biol.* **22**: 439 – 455.

Barnard, E., N. McFerran, A. Trudgett, J. Nelson, D. Timson (2008). „Detection and localisation of protein-protein interactions in *Saccharomyces cerevisiae* using a split-GFP method." *Fungal Genet. Biol.* **45**: 597 – 604.

Bock, J., H. Matern, A. Peden, R. Scheller (2001). „A genomic perspective on membrane compartment organization." *Nature* **409**: 839 – 841.

Bock, J., R. Scheller (1999). „SNARE proteins mediate lipid bilayer fusion." *Proc. Natl. Acad. Sci.* **96** (22): 12227 – 12229.

Bogdanovic, A., N. Bennett, S. Kiefer, M. Louwagie, T. Morio, J. Garin, M. Satre, F. Bruckert (2002). „Syntaxin 7, syntaxin 8, vti1 and vamp7 (vesicle-associated membrane protein 7) form an active SNARE complex for early macropinocytic compartment fusion in *Dictyostelium discoideum*." *Biochem. J.* **368**: 29 – 39.

Bonifacino, J., B. Glick (2004). „The mechanisms of vesicle budding and fusion." *Cell* **116**: 153 – 166.

Borgese, N., S. Brambillasca, P. Soffientini, M. Yabal, M. Makarow (2003). „Biogenesis of tail-anchored proteins." *Biochem. Soc. Trans.* **31** (6): 1238 – 1242.

Boyden, E., F. Zhang, E. Bamberg, G. Nagel, K. Deisseroth (2005). „Milisecond-timescale, genetically targeted optical control of neural activity." *Nat. Neurosci.* **8** (9): 1263 – 1268.

Brachat, S., F. Dietrich, S. Voegli, Z. Zhang, L. Stuart, A. Lerch, K. Gates, T. Gaffney, P. Philippsen (2003). „Reinvestigation of the *Saccharomyces cerevisiae* genome annotation by comparison to the genome of a related fungus:

Ashbya gossypii." *Genome Biol.* **4** (7): R45.

Brambillasca, S., M. Yabal, M, Makarow, N. Borgese (2006). „Unassisted translocation of large polypeptide domains across phospholipid bilayers." *J. Cell Biol.* **175** (5): 767 – 777.

Brickner, J., J. Blanchette, G. Sipos, R. Fuller (2001). „The Tlg SNARE complex is required for TGN homotypic fusion." *J. Cell Biol.* **155** (6): 969 – 978.

Brown, C., J. Liu, G. Hung, D. Carter, D. Cui, H. Chiang (2003). „The vid vesicle to vacuole trafficking event requires components of the SNARE membrane fusion machinery." *J. Biol. Chem.* **278** (8): 25688 – 25699.

Brunger, A. (2006).„Structure and function of SNARE and SNARE-interacting proteins." *Q. Rev. Biophys.* **38** (1): 1 – 47.

Bryant, N., D. James (2001). „Vps45p stabilizes the syntaxin homologue Tlg2p and positively regulates SNARE complex formation." *EMBO J.* **13**: 3380 – 3388.

Bryant, N., R. Piper, L. Weisman, T. Stevens (1998). „Retrograde traffic out of the yeast vacuole to th TGN occurs via the prevacuolar/endosomal compartment." *J. Cell Biol.* **142** (3): 651 – 663.

Cai, H., K. Reinisch, S. Ferro-Novick (2007). „Coats, tethers, Rabs, and SNAREs work together to mediate the intracellular destination of a transport vesicle." *Dev Cell.* **12** (5): 671 – 682.

Cereghino, J., J. Cregg (2000). „Heterologous protein expression in the methylotrophic yeast *Pichia pastoris.*" *FEMS Microbiol. Rev.* **24**: 45 – 66.

Chernomordik, L., J. Zimmerberg, M. Kozlov (2006). „Membranes of the world unite!" *J. Cell Biol.* **175** (2): 201 – 207.

Chernomordik, L., M. Kozlov (2008). „Mechanics of membrane fusion." *Nat. Struct. Mol. Biol.* **15** (7): 675 – 683.

Chidambaram, S. (2005). „Characterization of ENTH domain proteins and their interaction with SNAREs in *S. Cerevisiae.*" Dissertation Universität Göttingen

Chidambaram, S., J. Zimmermann, G. Fischer von Mollard (2008). „ENTH domain proteins are cargo adaptors for multiple SNARE proteins at the TGN endosome." *J. Cell Sci.* **12**: 1329 – 338.

Chidambaram, S., N. Müllers, K. Wiederhold, V. Haucke, G. Fischer von Mollard (2004). „Specific interaction between SNAREs and Epsin N-terminal homology (ENTH) domains of Epsin-related proteins in trans-Golgi network to endosome transport." *J. Biol. Chem.* **279** (6): 4175 – 4179 .

Coe, J., A. Lim, J. Xu, W. Hong (1999). „A role for Tlg1p in the transport of proteins within the Golgi apparatus of *Saccharomyces cerevisiae.*" *Mol. Biol. Cell* **10**: 2407 – 2423.

Collins, M., J. Choudhary (2008). „Mapping multiprotein complexes by affinity purification and mass spectrometry." *Curr. Op. Biotech.* **19**: 324 - 330.

Conibear, E., T. Stevens (1998). „Multiple sorting pathways between the late Golgi and the vacuole in yeast." *Biochim. Biophys. Acta* **1404**: 211 – 230.

Cooper, A., T. Stevens (1996). „Vps10p cycles between the late Golgi and prevacuolar compartments in its function as the sorting receptor for multiple yeast vacuolar hydrolases." *J. Cell Biol.* **133**: 529 – 541.

Cormack, B., G. Bertram, M. Egerton, N. Gow, S. Falkow, A. Brown (1997). „Yeast-enhanced green fluorescent protein (yEGFP): a reporter of gene expression in *Candida albicans*." *Microbiology* **143**: 303 – 311.

Couderc, R., J. Baratti (1980). „Oxidation of methanol by the yeast *Pichia pastoris*: purification and properties of alcohol oxidase." *Agric. Biol. Chem.* **44**: 2279 – 2289.

Dilcher, M., B. Köhler, G. Fischer von Mollard (2001). „Genetic interactions with the yeast Q-SNARE VTI1 reveal novel functions for the R-SNARE YKT6." *J. Biol. Chem.* **276** (37): 34537 – 34544.

Dohmen, R., A. Strasser, C. Höner, C. Hollenberg (1991). „An efficient transformation procedure enabling long-term storage of competent cells of various yeast genera." *Yeast* **7**: 691 – 692.

Duman, J., J. Forte (2003). „What is the role of SNARE proteins in membrane fusion." *Am. J. Physiol. Cell Physiol.* **285**: 237 – 249.

Entian, K., T. Schuster, J. Hegemann *et al.* (1999). „Functional analysis of 150 deletion mutants in Saccharomyces cerevisiae by a systematic approach." *Mol. Gen. Genet.* 262 (4-5): 683 – 702.

Færgeman, N., S. Feddersen, J. Christiansen, M. Larsen, R. Schneiter, C. Ungermann, K. Mutenda, P. Roepstorff, J. Knudsen (2004). „Acyl-CoA-binding protein, Acb1p, is required for normal vacuole function and ceramide synthesis in *Saccharomyces cerevisiae.*" *Biochem. J.* **380**: 907 – 918.

Fasshauer, D. (2003). „Structural insights into the SNARE mechanism." *Biochim. Biophys. Acta* **1641**: 87 – 97.

Fasshauer, D., R. Sutton, A. Brunger, R. Jahn (1998). „Conserved structural features of the synaptic fusion complex: SNARE proteins reclassified as Q- and R-SNAREs." *Proc. Natl. Acad. Sci.* **95** (26): 15781 – 15786.

Fiebig, K., L. Rice, E. Pollock, A. Brunger (1999). „Folding intermediates of SNARE complex assembly." *Nat. Struct. Biol.* **6** (2): 117 – 123.

Fischer von Mollard, G., S. Nothwehr, T. Stevens (1997). „The yeast v-SNARE vti1p mediates two vesicle transport pathways through interactions with the t-SNAREs Sed5p and Pep12p." *J. Cell Biol.* 137(7): 1511 – 1524.

Fischer von Mollard, G., T. Stevens (1999). „The *Saccharomyces cerevisiae* v-SNARE vti1p is required for multiple membrane transport pathways to the vacuole." *Mol. Biol. Cell* **10**: 1719 – 1732.

Fischer von Mollard, G., T. Stevens (1998). „A human homolog can functionally replace the yeast vesicle-associated SNARE vti1p in two vesicle transport pathways." *J. Biol. Chem.* **273** (5): 2624 – 2630.

Flanagan, J., C. Barlowe (2006). „Cysteine-disulfide crosslinking to monitor SNARE complex assembly during ER-Golgi transport." *J. Biol. Chem.* **281** (4): 2281 – 2888.

Fratti, R., K. Collins, C. Hickey, W. Wickner (2007). „Stringent 3Q·1R composition of the SNARE 0-Layer can be bypassed for fusion by compensatory SNARE mutation or by lipid bilayer modification." *J. Biol. Chem.* **282** (2): 14861 – 14867.

Fuller, R., A. Brake, J. Thorner (1989). „Yeast prohormone processing enzyme (Kex2 gene product) is a Ca^{2+}-dependent serine protease." *Proc. Natl. Acad. Sci.* **86**: 1434 – 1438.

Gavin, A. *et al.* (2002). „Functional organization of the yeast proteome by systematic analysis of protein complexes." *Nature* **415**: 141 – 147.

Giraudo, C., A. Garcia-Diaz, W. Eng, Y. Chen, W. Hendrickson, T. Melia, J. Rothman (2009). „Alternative zippering as an on-off switch for SNARE-mediated fusion." *Science* **323**: 512 – 516.

Gonzalez, L., W. Weis, R. Scheller (2001). „A novel SNARE N-terminal domain revealed by the crystal structure of Sec22b." *J. Biol. Chem.* **276** (26): 24203 – 24211.

Götte, M., G. Fischer von Mollard (1998). „A new beat for the SNARE drum." *Trends Cell Biol.* **8**: 215 – 218.

Gotthardt, D., H. Warnatz, O. Henschel, F. Brückert, M. Schleicher, T. Soldati (2002). „High-resolution dissection of phagosome maturation reveals distinct membrane trafficking phases". *Mol. Biol. Cell* **13**: 3508 – 3520.

Graumann, J., L. Dunipace, J. Seol, W. McDonald, J. Yates, B. Wold, R. Deshaies (2003). „Applicability of tandem affinity purification MudPIT to pathway proteomics in yeast." *Mol. Cell. Proteomics* **3**: 226 – 237.

Hattendorf, D., A. Andreeva, A. Gangar, P. Brennwald, W. Weis (2007). „Structure of the yeast polarity protein Sro7 reveals a SNARE regulatory mechanism." *Nature* **446**: 567 – 571.

Hirst, J., M. Robinson (1998). „Clathrin and adaptors." *Biochim. Biophys. Acta* **1404**: 173 – 193.

Hirst, J., S. Miller, M. Taylor, G. Fischer von Mollard, M. Robinson (2004). „EpsinR is an adaptor for the SNARE protein Vti1b." *Mol. Biol. Cell* **15**: 5593 – 5602.

Holthuis, J., B. Nichols, S. Dhruvakumar, H. Pelham (1998). „Two syntaxin homologues in the TGN/endosomal system of yeast." *EMBO J.* **17** (1): 113 – 126.

Hu, C., D. Hardee, F. Minnear (2007). „Membrane fusion by VAMP3 and plasma membrane t-SNAREs." *Exp. Cell Res.* **313**: 3198 – 3209.

Hua, Y., R. Scheller (2001). „Three SNARE complexes cooperate to mediate membrane fusion." *Proc. Natl. Acad. Sci.* **98**: 8065 – 8070.

Hughes, H., D. Stephens (2008). „Assembly, organization, and function of the COPII coat." *Histochem. Cell Biol.* **129**: 129 – 151.

Huh, W., J. Falvo, L. Gerke, A. Carroll, R. Howson, J. Weissman, E. O'Shea (2003). „Global analysis of protein localization in budding yeast." *Nature* **425**: 686 – 691.

Invitrogen (2002). Pichia Expression Kit: a manual of methods for expression of recombinant proteins in *Pichia pastoris*. **Version M.**

Ishihara, N., M. Hamasaki, S. Yokota, K. Suzuki, Y. Kamada, A. Kihara, T. Yoshimoro, T. Noda, Y. Ohsumi (2001). „Autophagosome requires specific early Sec proteins for its formation and NSF/SNARE for vacuolar fusion." *Mol. Biol. Cell* **12**: 3690 – 3702.

Jahn, R, T. Südhof (1999). „Membrane fusion and exocytosis." *Annu. Rev. Biochem.* **68**: 863 – 911.

Jahn, R., R. Scheller (2006). „SNAREs – engines for membrane fusion." *Nat. Rev. Mol. Cell Biol.* **7**: 631 – 643.

Jahn, R., T. Lang, T. Südhof (2003). „Membrane fusion." *Cell* **112**: 519 – 533.

Julius, D., A. Brake, L. Blair, R. Kunisawa, J. Thorner (1984). „Isolation of the putative structural gene for the lysine-arginine-cleaving endopeptidase required for processing of yeast prepro-α-Factor." *Cell* **37**: 1075 – 1089.

Jun, Y., N. Thorngren, V. Starai, R. Fratti, K. Collins, W. Wickner (2006). „Reversible, cooperative reactions of yeast vacuole docking." *EMBO J.* **25**: 5260 – 5269.

Kaksonen, M. (2008). „Taking apart the endocytic machinery." *J. Cell Biol.* **180** (6): 1059 – 1060.

Kateriya, S., G. Nagel, E. Bamberg, P. Hegemann (2004). „Vision" in single-celled algae." *News Physiol. Sci.* **19**: 133 – 137.

Katzmann, D., M. Babst, S. Emr (2001). „Ubiquitin-dependent sorting into the multivesicular body pathway requires the function of a conserved endosomal protein sorting complex, ESCRT-1." *Cell* **106**: 145 – 155.

Klionsky, D., Y. Ohsumi (1999). „Vacuolar import of proteins and organelles from the cytoplasm." *Annu. Rev. Cell Dev. Biol.* **15**: 1 – 32.

Knop, M., K. Siegers, G. Pereira, W. Zachariae, B. Winsor, K. Nasmyth, E. Schiebel (1999). „Epitope tagging of yeast genes using a PCR-based strategy: more tags and improved practical routines." *Yeast* **15**: 963 – 972.

Knuesel, M., Y. Wan, Z. Xiao, E. Holinger, N. Lowe, W. Wang, X. Liu (2003). „Identification of novel protein-protein interactions using a versatile mammalian tandem affinity purification expression system." *Mol. Cell. Proteomics* **2** (11): 1225 – 1233.

Kurihara, T., S. Hamamoto, R. Gimeno, C. Kaiser, R. Schekman, T. Yoshihisa (2000). „Sec224p and Iss1p function interchangeably in transport vesicle formation from the endoplasmic reticulum in Saccharomyces cerevisiae." *Mol. Biol. Cell* **11**: 983 – 998.

Laage, R., C. Ungermann (2000). „The N-terminal domain of the t-SNARE Vam3p coordinates priming and docking in yeast vacuole fusion." *Mol. Biol. Cell* **12**: 3375 – 3385.

Lee, S., J. Kovacs, R. Stahelin, M. Cheever, M. Overduin, T. Setty, C. Burd, W. Cho, T. Kutateladze (2006). „Molecular mechanism of membrane docking by the Vam7p PX domain." *J. Biol. Chem.* **281**, (48): 37091 – 37101.

Longtine, M., A. McKenzie, D. Demarini, N. Shah, A. Wach, A. Brachat, P. Philippsen, J. Pringle (1998). „Additional modules for vesatile and economical PCR-based gene deletion and modification in *Saccharomyces cerevisiae*." *Yeast* **14**: 1 – 9.

Lupashin, V., I. Pokrovskaya, J. McNew, M. Waters (1997). „Characterization of a novel yeast SNARE protein implicated in Golgi retrograde traffic." *Mol. Biol. Cell* **8**: 2659 – 2676.

Macauley-Patrick, S., M. Fazenda, B. McNeil, L. Harvey (2005). „Heterologous protein production using the *Pichia pastoris* expression systems." *Yeast* **22**: 249 – 270.

Malsam, J., S. Kreye, T. Söllner (2008). „Membrane fusion: SNAREs and regulation." *Cell. Mol. Life Sci.* **65**: 2814 – 2832.

Maximov, A., J. Tang, X. Yang, Z. Pang, T. Südhof (2009). „Complexin controls the force transfer from SNARE complexes to membranes in fusion." *Science* **323**: 516– 521.

McNew, J., F. Parlati, R. Fukuda, R. Johnston, K. Paz, F. Paumet, T. Sollner, J. Rothman (2000). „Compartmental specificity of cellular membrane fusion encoded in SNARE proteins." *Nature* **407**: 153 – 159.

Miller, S., B. Collins, A. McCoy, M. Robinson, D. Owen (2007). „A SNARE-adaptor interaction is a new mode of cargo recognition in clathrin-coated vesicles." *Nature* **450**: 570 – 576.

Mima, J., C. Hickey, H. Xu, Y. Jun, W. Wickner (2008). „Reconstituted membrane fusion requires regulatory lipids, SNAREs and synergistic chaperones." *EMBO J.* **27**: 2031 – 2042.

Misura, K., J. Bock, L. Gonzalez, R. Scheller, W. Weis (2002). „Three-dimensional structure of the amino-terminal domain of syntaxin 6, a SNAP-25 C homolog." *Proc. Natl. Acad. Sci. USA.* **99** (14): 9184 – 9189.

Morishita, M., R. Mendonsa, J. Wright, J. Engebrecht (2007). „Snc1p v-SNARE transport to the prospore membrane during yeast sporulation is dependent on endosomal retrieval pathways." *Traffic* **8**: 1231 – 1245.

Munro, S., H. Pelham (1987). „A C-terminal signal prevents secretion of luminal ER proteins." *Cell* **48** (5): 899 – 907.

Munson, M., X. Chen, A. Cocina, S. Schultz, F. Hughson (2000). „Interactions within the yeast t-SNARE Sso1p that control SNARE complex assembly." *Nat. Struct. Biol.* **7** (10): 894 – 902.

Nagel, G., Bamberg, E. (2006). „Channelrhodospin-1 und -2: Funktion und Anwendung einer neuen Klasse von Ionenkanälen." Tätigkeitsbericht MPG.

Nagel, G., D. Ollig, M. Fuhrmann, S. Kateriya, A. Musti, E. Bamberg, P. Hegemann (2002). „Channelrhodopsin-1: A light-gated proton channel in green algae." *Science* **296**: 2395 – 2398.

Nagel, G., T. Szellas, S. Kateriya, N. Adeishvili, P. Hegemann, E. Bamberg (2005). „Channelrhodopsins: directly light-gated cation channels." *Biochem. Soc. Trans.* **33** (4): 863 – 866.

Nagel, G., T. Szellas, W. Huhn, S. Kateriya, N. Adeishvili, P. Berthold, D. Ollig, P. Hegemann, E. Bamberg (2003). „Channelrhodopsin-2, a directly light-gated cation-selective membrane channel." *Proc. Natl. Acad. Sci.* **100** (24): 13940 – 13945.

Nair, U., D. Klionsky (2005). „Molecular mechanism and regulation of specific and nonspecific autophagy pathways in yeast." *J. Biol. Chem.* **280** (51): 41785 – 41788.

Nicholson, K., M. Munson, R. Miller, T. Filip, R. Fairman, F. Hughson (1998). „Regulation of SNARE complex assembly by an N-terminal domain of the t-SNARE Sso1p." *Nat. Struct. Biol.* **5** (9): 793 – 802.

Novick, P., M. Medkova, G. Dong, A. Hutagalung, K. Reinisch, B. Grosshans (2006). „Interactions between rabs, tethers, SNAREs and their regulators in exocytosis." *Biochem. Soc. Trans.* **34** (5): 683 – 686.

Obermaier, B., J. Gassenhuber, E. Piravandi, H. Domday (1995). „Sequence analysis of a 78,6 kb segment of the left end of Saccharomyces cerevisiae chromosome II." *Yeast* **11**: 1103 – 1112.

Ostrowicz, C., C. Meiringer, C. Ungermann (2008). „Yeast vacuole fusion." *Autophagy* **4** (1): 5 – 19.

Parlati, F., T. Weber, J. McNew, B. Westermann, T. Söllner, J. Rothman (1999). „Rapid and efficient fusion of phospholipid vesicles by the α-helical core of a SNARE complex in the absence of an N-terminal regulatory domain." *Proc. Natl. Acad. Sci.* **96** (22): 12565 – 12570.

Patterson, G., S. knobel, W. Sharif, S. Kain, D. Piston (1997). „Use of the Green Fluorescent Protein and its mutants in quantitative fluorescence microscopy." *Biophys. J.* **73**: 2782 – 2790.

Paumet, F., V. Rahimian, J. Rothman (2004). „The specificity of SNARE dependent fusion is encoded in the SNARE motif." *Proc. Natl. Acad. Sci.* **101** (10): 3376 – 3380.

Pelham, H. (2001). „SNAREs and the specificity of membrane fusion." *Trends Cell Biol.* **11** (3): 99 – 101.

Pfeffer, S. „Structural clues to Rab GTPase functional diversity." *J. Biol. Chem.* **280** (16): 15485 – 15488.

Pflanz, S., I. Tacken, J. Grötzinger, Y. Jacques, H. Dahmen, P. Heinrich, G. Müller-Newen (1999). „A fusion protein of interleukin-11 and soluble interleukin-11 receptor acts as a superagonist on cells expressing gp130." *FEBS Lett.* **450**: 117 – 122.

Piper, R., N. Bryant, T. Stevens (1997). „The membrane alkaline phosphatase is delivered to the vacuole by a route that is distinct from the VPS-dependent pathway." *J. Cell Biol.* **138** (3): 531 – 545.

Proszynski, T., et al. (2005). „A genome-wide visual screen reveals a role for sphingolipids and ergosterol in cell surface delivery in yeast." *Proc. Natl. Acad. Sci.* **102** (5): 17981 – 17986.

Prydz, K., G. Dick, H. Tveit (2008). „How many ways through the Golgi maze?" *Traffic* **9**: 299 – 304.

Puig, O., F. Caspary, G. Rigaut, B. Rutz, E. Bouveret, E. Bragado-Nilsson, M. Wilm, B. Séraphin (2001). „The tandem affinity purification (TAP) method: a general procedure of protein complex purification." *Methods* **24**: 218 – 229.

Reese, C., A. Mayer (2005). „Transition from hemifusion to pore opening is rate limiting for vacuole fusion." *J. Cell Biol.* **171** (6): 981 – 990.

Richardson, S., S. Winistorfer, V. Poupon, J. Luzio, R. Piper (2004). „Mammalian late vacuole protein sorting orthologues participate in early endosomal fusion and interact with the cytoskeleton." *Mol. Biol. Cell* **15**: 1197 - 1210.

Rigaut, G., A. Shevchenko, B. Rutz, M. Wilm, M. Mann, B. Séraphin (1999). „A generic protein purification method for complex characterization and proteome exploration." *Nat. Biotech.* **17**: 1030 – 1032.

Rossi, V., D. Banfield, M. Vacca, L. Dietrich, C. Ungermann, M. D'Esposito, T. Galli, F. Filippini (2004). „Longins and their longin domains: regulated SNAREs and multifunctional SNARE regulators." *Trends Biochem. Sci.* **29** (12): 682 – 688.

Salomans, F., I. van der Klei, A. Kram, W. Harder, M. Veenhuis (1997). „Brefeldin A interferes with peroxisomal protein sorting in the yeast H*ansenula polymorpha*." *FEBS Lett.* **411** (1): 133 – 139.

Sankaranarayanan, S., T. Ryan (2001). „Calcium accelerates endocytosis of vSNAREs at hippocampal synapses." *Nat. Neurosci.* **4** (2): 129 – 136.

Scales, S., Y. Chen, B. Yoo, S. Patel, Y. Doung, R. Scheller (2000). „SNAREs contribute to the specificity of membrane fusion." *Neuron* **26**: 457 – 464.

Schatz, G., B. Dobberstein (1996). „Common principles of protein translocation across membranes." *Science* **271**: 1519 – 1526.

Schuldiner, M., J. Metz, V. Schmid, V. Denic, M. Rakwalska, H. Schmitt. B. Schwappach, J. Weissman (2008). „The GET complex mediates insertion of tail-anchored proteins into the ER membrane." *Cell* **134** (4): 634 – 645.

Scorer, C., J. Clare, W. McCombie, M. Romanos, K. Sreekrishna (1994). „Rapid selection using G418 of high copy number transformants of *Pichia pastoris* for high-level foreign gene expression." *Biotechnology* **12**: 181 – 184.

Seaman, M. (2008). „Endosome protein sorting: motifs and machinery." *Cell. Mol. Life Sci.* **65**: 2842 – 2858.

Shan, S., R. Stroud, P. Walter (2004). „Mechanism of association and reciprocal activation of two GTPases." *PloS Biol.* **2** (1): 320.

Shevchenko, A., D. Schaft, A. Roguev, W. Pijnappel, A. Stewart, A. Shevchenko (2002). „Deciphering protein complexes and protein interaction networks by tandem affinity purification and mass spectrometry." *Mol. Cell. Proteomics* **1**: 204 – 212.

Simpson, J., R. Wellenreuther, A. Poustka, R. Pepperkok, S. Wiemann (2000). „Systematic subcellular localization of novel proteins identified by large-scale cDNA sequencing." *EMBO Rep.* **1** (3): 287 – 292.

Siniossoglou, S., H. Pelham (2001). „An effector of Ypt6p binds the SNARE Tlg1p and mediates selective fusion of vesicleswith late Golgi membranes." *EMBO J.* **20** (21): 5991 – 5998.

Smith, J., J. Aitchinson (2009). „Regulation of peroxisome dynamics." Curr. Op. Cell Biol. **21**: 119 – 126.

Søgaard, M., K. Tani, R. Ye, S. Geromanos, P. Tempst, T. Kirchhausen, J. Rothman, T. Söllner (1994). „A rab protein is required for the assembly of SNARE complexes in the docking of transport vesicles." Cell **78** (6): 937 – 948.

Spang, A. (2008). „The life cycle of a transport vesicle." Cell. Mol. Life Sci. **65**: 2781 – 2789.

Spang, A. (2004). „Vesicle transport: a close collaboration of Rabs and effectors." Curr. Biol. **14**: 33 – 34.

Steel, G., J. Brownsword, C. Stirling (2002). „Tail-anchored protein insertion into yeast ER requires a novel posttranslational mechanism which is independent of the SEC machinery." Biochemistry **41** (39): 11914 – 11920.

Stein, I., A. Gottfried, J. Zimmermann, G. Fischer von Mollard (2009). „TVP23 interacts genetically with the yeast SNARE VTI1 and functions in retrograde transport from the early endosome to the late Golgi." Biochem. J. **419**: 229 – 236.

Stroud, R., P. Walter (1999). „Signal sequence recognition and protein targeting." Curr. Opin. Struct. Biol. **9** (6): 754 – 759.

Südhof, T., J. Rothman (2009). „Membrane fusion: grappling with SNARE and SM proteins." Science **323**: 474 – 477.

Sutton, R., D. Fasshauer, R. Jahn, A. Brunger (1998). „Crystal structure of a SNARE complex involved in synaptic exocytosis at 2,4 Å." Nature **362**:

318 – 324.

Tamm, L., J. Crane, V. Kiessling (2003). „Membrane fusion: a structural perspective on the interplay of lipids and proteins." *Curr. Opin. Struct. Biol.* **13**: 453 – 466.

Tautz, D., M. Renz (1983). „An optimized freeze-squeeze method for the recovery of DNA fragments from agarose gels." *Anal. Biochem.* **132**: 14 – 19.

Terlecky, S., M. Fransen (2000). „How peroxisomes arise." *Traffic* **1** (6): 465 - 473.

Thorngren, N., K. Collins, R. Fratti, W. Wickner, A. Merz (2004). „A soluble SNARE drives rapid docking bypassing ATP and Sec17/18p for vacuole fusion." *EMBO J.* **23**: 2765 – 2776.

Tishgarten, T., F. Yin, K. Faucher, R. Dluhy, T. Grant, G. Fischer von Mollard, T. Stevens, L. Lipscomb (1999). „Structures of yeast vesicle trafficking proteins." *Protein Sci.* **8**: 2465 – 2473.

Tsui, M., D. Banfield (2000). „Yeast Golgi SNARE interactions are promiscuous." *J. Cell Sci.* **113**: 145 – 152.

Tsui, M., W. Tai, D. Banfield (2001). „Selective formation of Sed5p-containing SNARE complexes is mediated by combinatorial binding interactions." *Mol. Biol. Cell* **12**: 521 – 538.

Tu, B., J. Weissman (2004). „Oxidative protein folding in eukaryotes: mechanisms and consequences." *J. Cell Biol.* **164** (3): 341 – 346.

Ungermann, C., B. Nichols, H. Pelham, W. Wickner (1998). „A vacuolar v-t-SNARE complex, the predominant form in vivo and on isolated vacuoles, is disassembled and activated for docking and fusion." *J. Cell Biol.* **140** (1): 61 - 69.

Ungermann, C., G. Fischer von Mollard, O. Jensen, N. Margolis, T. Stevens, W. Wickner (1999). „Three v-SNAREs and two t-SNAREs, present in a pentameric cis-SNARE complex on isolated vacuoles, are essential for homotypic fusion." *J. Cell Biol.* **145** (7): 1435 – 1442.

Vida, T., S. Emr (1995). „A new vital stain for visualizing vacuolar membrane dynamics and endocytosis in yeast." *J. Cell Biol.* **128** (5): 779 – 792.

Wang, L., A. Merz, K. Collins, W. Wickner (2003). „Hierarchy of protein assembly at the vertex ring domain for yeast vacuole docking and fusion." *J. Cell Biol.* **160** (3): 365 – 374.

Wang, Y., I. Dulubova, J. Rizo, T. Südhof (2001). „Functional analysis of conserved structural elements in yeast syntaxin Vam3p." *J. Biol. Chem.* **276** (3): 28598 – 28605.

Weiß, M., W. Haase, H. Michel, H. Reiländer (1995). „Expression of functional 5-HT$_{5A}$ serotonin receptor in the methylotrophic yeast *Pichia pastoris*: pharmacological characterization and localization." *FEBS Lett.* **377**: 451 – 456.

Wessel, D., Flügge, U. (1983). „A method for the quantitative recovery of protein in dilute solution in the presence of detergents and lipids." *Anal. Biochem.* **138**: 141 – 143.

Whyte, J., S. Munro (2002). „Vesicle tethering complexes in membrane traffic." *J. Cell Sci.* **115**: 2627 – 2637.

Wiederhold, K., D. Fasshauer (2009). „Is assembly of the SNARE complex enough to fuel membrane fusion? *J. Biol. Chem.* 1 – 18.

Xu, M., B. Zhang (2002). „Do SNARE proteins confer specificity for vesicle fusion?" *Proc. Natl. Acad. Sci.* **99** (21): 13359 – 13361.

Xu, Y., S. Martin, D. James, W. Hong (2002). „GS15 forms a SNARE complex with syntaxin 5, GS28 and Ykt6 and is implicated in traffic in the early cisternae of the Golgi apparatus." *Mol. Biol. Cell* **13**: 3493 – 3507.

Xu, Y., S. Wong, B. Tang, V. Subramaniam, T. Zhang, W. Hong (1998). „A 29-kilodalton Golgi soluble N-ethylmaleimide-sensitive factor attachment protein receptor (Vti1-rp2) implicated in protein trafficking in the secretory pathway." *J. Biol. Chem.* **273** (34): 21783 – 21789.

Yabal, M., S. Brambillasca, P. Soffientini, E. Pedrazzini, N. Borgese, M. Makarow (2003). „Translocation of the C terminus of a tail-anchored protein across the endoplasmic reticulum membrane in yeast mutants defective in signal peptide-driven translocation." *J. Biol. Chem.* **278** (5):3489 – 3496.

Yu, X., M. Cai (2004). „The yeast dynamin-related GTPase Vps1p functions in the organization of the actin cytoskeleton via interaction with Sla1p." *J. Cell. Sci.* **117** (17):3839 – 3853.

Zheng, H., G. Fischer von Mollard, V. Kovaleva, T. Stevens, N. Raikhel (1999). „The plant vesicle-associated SNARE AtVTI1a likely mediates vesicle transport from the trans-Golgi network to the prevacuolar compartment." *Mol. Biol. Cell* **10**: 2251 – 2264.

8 Anhang

8.1 Abkürzungsverzeichnis

6His-	Hexa-Histidin-
°C	Grad Celcius
A	Ampère
Abb.	Abbildung
ALP	Alkalische Phosphatase
API	Aminopeptidase I
Amp	Ampicillin
AP	Adapterprotein
APS	Ammoniumperoxodisulfat
AS	Aminosäure
ATP	Adenosin-Triphosphat
bp	Basenpaare
BSA	*Bovine Serum Albumine* (Rinder-Serumalbumin)
bzw.	beziehungsweise
ca.	circa
CBD	*Calmodulin binding domain*
COP	*Coatomer protein*
CCV	*Clathrin-coated vesicles*
ChR	Channelrhodopsin
CPY	Carboxypeptidase Y
d. h.	das heißt
Da	Dalton

DAPI	4'-6-Diamino-2-phenylindol-dihydrochlorid
ddH$_2$O	doppelt destilliertes Wasser
DMSO	Dimethylsulfoxid
DNA	Desoxyribonukleinsäure
dNTP	2'-Desoxynukleosid-5'-Triphosphat
DTT	Dithiothreitol
E. coli	Escherichia coli
EDTA	Ethylendiamintetraacetat
eGFP	enhanced GFP
EGTA	Ethylenglycol-bis-(β-Aminoethylether)-N,N,N',N'-Tetraacetat
ER	Endoplasmatisches Retikulum
ERAD	ER-associated protein degradation
et al.	et alteri (und andere)
EtOH	Ethanol
g	Gramm, Erdbeschleunigung
GEF	Guanine nucleotide exchange factor
GFP	Green fluorescent protein
h	Stunde
HA	Hämagglutinin
HEPES	2-(4-(2-Hydroxyethyl)-1-piperazinyl)-ethansulfonsäure
HRP	Horseradish peroxidase (Meerrettich-Peroxidase)
IgG	Immunoglobulin G
k	kilo
kb	Kilobasenpaare
Kan	Kanamycin
L	Liter

LB	Luria Bertani
m	milli
M	Molar, Mega
MeOH	Methanol
min	Minute
MVB	*Multivesicular body*
MW	*Molecular weight* (Molekulargewicht)
NPC	*Nuclear Pore Complex*
NSF	*N-ethylmaleimide sensitive factor*
NTA	*Nitrilotriacetic acid*
OD	Optische Dichte
PAGE	*Polyacrylamid gel electrophoresis*
PBS	*Phosphate buffered saline*
PFA	Paraformaldehyd
pH	Negativ-dekadischer Logarithmus der H^+-Ionenkonzentration
P. pastoris	*Pichia pastoris*
PMSF	Phenylmethylsulfonylchlorid
PVC	*Prevacuolar compartment*
rpm	*Rounds per minute* (Umdrehungen pro Minute)
RE	Restriktionsendonuklease
RGS	Arginin-Glycin-Serin Motiv
RT	Raumtemperatur
S. cerevisiae	*Saccharomyces cerevisiae*
SD	*Synthetic defined*
SDS	*Sodium dodecyl sulfate*
sec	Sekunde

SM	Sec1/Munc1-*related*
SNAP	*Soluble* NSF *attachment protein*
SNARE	SNAP *receptor*
SRP	*Signal recognition particle*
Tab.	Tabelle
TAE	Tris-Acetat-EDTA-Puffer
Taq	*Thermus aquaticus*
TAP	*Tandem Affinity Purification*
TE	Tris-EDTA
TEβ	Tris-EDTA-Mercaptoethanol
TEMED	N,N,N',N'-Tetramethylethylendiamin
TGN	*trans*-Golgi Netzwerk
Tm	Schmelztemperatur
Tris	Tris-(hydroxymethyl)-aminomethan
ÜN	über Nacht
U	Unit
UV	Ultraviolett
V	Volt
v/v	Volumenprozent
w/v	Gewichtsprozent
wt	Wildtyp
YEPD	*Yeast Extract Peptone Dextrose*
z. B.	zum Beispiel
µ	Mikro

8.2 Abbildungsverzeichnis

Abb.1-1 Schematische Darstellung der Transportwege innerhalb einer eukaryotischen Zelle ___ 4

Abb.1-2 Vier-Helix-Bündel eines SNARE-Komplexes ___ 6

Abb.1-3 Schematische Darstellung der Struktur der SNAREs ___ 7

Abb.1-4 Schema des Ablaufs der Vesikelfusion mit seiner Zielmembran ___ 9

Abb.1-5 Modell der molekularen Membranfusion ___ 11

Abb.1-6 SNARE-Proteine und ihre Beteiligung an SNARE-Komplexen im intrazellulären Proteintransport in S. cerevisiae ___ 14

Abb.1-7 Homologien des N-Terminus von murinen Vti1a und Vti1b mit Vti1p aus S. cerevisiae ___ 15

Abb.1-8 Schema des C- und N-terminalen TAP-*tags* ___ 17

Abb.1-9 Prinzipieller Ablauf der Proteinreinigung mittels der TAP-Methode ___ 18

Abb.1-10 *Chlamydomonas* Zelle ___ 20

Abb.1-11 Vergleich der Aminosäuresequenz von Channelopsin-1 (Chop1) mit Channelopsin-2 (Chop2) und Bakteriorhodopsin (Bop) ___ 21

Abb.1-12 Struktur des Channelrhodopsins-2 ___ 22

Abb.1-13 Vermuteter Photozyklus von Channelrhodopsin-2 ___ 23

Abb.4-1 Nachweis von Vti1p im Vektor pYX242 durch eine Restriktion mit *EcoRI/BamHI* ___ 71

Abb.4-2 Nachweis des TAP-*tags* im Vektor pYX242 durch eine Spaltung mit *BamHI/HindIII* ___ 71

Abb.4-3 Western Blot der Vti1p-TAP Produktion ___ 72

Abb.4-4 Silbernitrat-gefärbtes Polyacrylamid-Gel von Vti1p-TAP ___ 73

Abb.4-5 Western Blot der Vti1p-TAP Proben ___ 74

Abb.4-6 Silbernitrat-gefärbtes Polyacrylamid-Gel von pYX242-TAP ___ 75

Abb.4-7 Western Blot der pYX242-TAP Proben ___ 76

Abb.4-8 Western Blot der ersten Optimierung mit 200 mL Zellkultur ___ 76

Abb.4-9 Western Blot der zweiten Optimierung mit 500 mL Zellkultur ___ 78

Abb.4-10 Western Blot der dritten Optimierung mit 500 mL Zellkultur ___ 79

Abb.4-11 Western Blot der vierten Optimierung mit 500 mL Zellkultur ___ 80

Abb.4-12 Western Blot der fünften Optimierung mit 1 L Zellkultur ___ 81

Abb.4-13 Silbernitrat-gefärbtes Polyacrylamid-Gel einer Aufreinigung von Vti1p-TAP ___ 82

Abb.4-14 MALDI-TOF Massenspektrum der Probe F1 (66 kDa) _____ 83

Abb.4-15 Silbernitrat-gefärbtes Polyacrylamid-Gel einer Aufreinigung von Vti1p-TAP _____ 86

Abb.4-16 Silbernitrat-gefärbtes Polyacrylamid-Gel einer Aufreinigung von Vti1p-TAP _____ 89

Abb.4-17 PCR-Produkt von YCL058W-A und YLL033W zum Markieren mit einem dreifachen HA-*tag* _____ 91

Abb.4-18 *colony*-PCR mit genomischer Hefe-DNA zur Detektion von YLL033-3HA und YCL058-3HA _____ 92

Abb.4-19 Western Blot der Expression von YCL058-3HA in MAY5 _____ 92

Abb.4-20 Western Blot der Expression von YLL033-3HA in MAY5 _____ 93

Abb.4-21 Western Blot der TAP-Aufreinigung mit YLL033W-3HA _____ 93

Abb.4-22 Western Blot der TAP-Aufreinigung mit YLL033W-3HA, entwickelt mit r-α-Vti1p Antikörper _____ 94

Abb.4-23 Western Blot der TAP-Aufreinigung mit YCL058W-A-3HA _____ 95

Abb.4-24 Western Blot der TAP-Aufreinigung von YCL058W-A-3HA, entwickelt mit dem r-α-Ent3p Antikörper _____ 96

Abb.4-25 Spaltung von YLL033-pVP16 und YCL058-pVP16 Klonen mit *EcoRI/BamHI* _____ 96

Abb.4-26 Yeast-2-Hybrid Assay von YLL033W-pVP16 und YCL058W-A-pVP16 _____ 98

Abb.4-27 Kontrollrestriktion der Umklonierung von YCL058W-A in pYX142 mit *NcoI* und *SalI* _____ 99

Abb.4-28 Kodierung von YCL058C und YCL058W-A auf dem Chromosom III von *S.cerevisae* _____ 100

Abb.4-29 Spaltung von YCL058W-A-long in pYX142 mit *BamHI/SalI* _____ 100

Abb.4-30 Kontrollrestriktion von YCL058W-A-long-3HA in pYX242 mit *EcoRI/SalI* _____ 100

Abb.4-31 Wachstumstest nach 48h _____ 101

Abb.4-32 Restriktion von YCL058W-A-long-3HA in pYX112 mit *EcoRI/SalI* _____ 102

Abb.4-33 Western Blot der Expression von YCL058W-A-long-3HA _____ 102

Abb.4-34 Western Blot der TAP-Aufreinigung von YCL058W-A-long-3HA in SSY4 (Vti1p-TAP) _____ 103

Abb.4-35 Western Blot der TAP-Aufreinigung von YCL058W-A-long-3HA in SSY4(Vti1p-TAP) 103

Abb.4-36 Klonierung von YCL058C in pYX142 über eine Restriktion mit *BamHI/SalI* _____ 104

Abb.4-37 Wachstumstest nach 48h _____ 105

Abb.4-38 Klonierung von YJL082W in pVP16-3 über eine Restriktion mit *BglII/SalI* _____ 106

8 Anhang

Abb.4-39 Yeast-2-Hybrid Assay von YJL082W-pVP16-3 _____ 106

Abb.4-40 Klonierung von VPS1 in pVP16-3 über eine Spaltung mit *EcoRI/BglII* _____ 107

Abb.4-41 Yeast-2-Hybrid Assay von VPS1-pVP16-3 _____ 107

Abb.4-42 Immunfluoreszenzmikroskopie von Vti1p(Q116)-HA, Vti1p(M55)-HA, Vti1p(wt)-HA und SEY6210 als Negativ-Kontrolle _____ 109

Abb.4-43 Western Blot der Expression von Vtip(M55)-HA, Vti1p(Q116)-HA und Vti1p(wt)-HA _ 110

Abb.4-44 Mikroskopie der GFP-Fluoreszenz der Vti1p-Varianten _____ 111

Abb.4-45 Klonierung von Vti1p(M55)-eGFP _____ 112

Abb.4-46 Erzeugung von Vti1p(Q116)-eGFP _____ 112

Abb.4-47 Restriktion von Vti1p(wt)-eGFP _____ 113

Abb.4-48 Fluoreszenzmikroskopie mit der C-terminalen eGFP-Variante des N-terminal trunkierten Vti1p im Hefestamm FVMY5 _____ 113

Abb.4-49 Restriktion von eGFP-Vti1p(Q116) mit *EcoRI/HindIII* _____ 114

Abb.4-50 Erzeugung von eGFP-Vti1p(M55) _____ 115

Abb.4-51 Klonierung von eGFP-Vti1p(wt) _____ 115

Abb.4-52 Fluoreszenzmikroskopie mit N-terminalem eGFP gekoppelt an Vti1p _____ 116

Abb.4-53 Western Blot der Expression von C- und N-terminal gekoppelten eGFP-Vti1p- Mutanten mit Proteinextrakten nach Thorner _____ 117

Abb.4-54 CPY-*Overlay*-Assay der eGFP-Vti1p-Mutanten _____ 118

Abb.4-55 Klonierung von DsRed-FYVE in pRS313 durch eine Restriktion mit *KpnI/SacI* __ 119

Abb.4-56 Mikroskopie der eGFP-Vti1p-Varianten mit DsRed-FYVE _____ 120

Abb.4-57 Fluoreszenzmikroskopie der eGFP-Vti1p Varianten und SEY6210 als Negativ-Kontrolle mit zusätzlicher FM4-64 Färbung _____ 121

Abb.4-58 Klonierung von ChR2-RGS-6His in den Expressionsvektor pPIC9K durch eine Restriktion mit *EcoRI/NotI* _____ 123

Abb.4-59 Western Blot der ChR2-RGS-6His Produktion in PEG1000 transfomierten SMD1163-Zellen _____ 126

Abb.4-60 Western Blot der Produktionsoptimierung von ChR2-RGS-6His _____ 127

Abb.4-61 Chromatogramm des Aminosäureaustauschs E123>D _____ 128

Abb.4-62 Klonierung von Chop2_mut1 in pPIC9K durch eine Spaltung mit *EcoRI/NotI* __ 129

Abb.4-63 Chromatogramm des Aminosäureaustauschs D156>E _____ 129

Abb.4-64 Chromatogramm des Aminosäureaustauschs S245>E _____129

Abb.4-65 Klonierung von Chop2_mut2/mut4 in pPIC9K durch eine Spaltung mit *EcoRI/NotI* _129

Abb.5-1 N-terminale Domäne des Qb-SNAREs Vti1a der Maus _____134

Abb.5-2 Wichtige Aminosäuren in der Nähe des Retinals im ChR2 _____150

8.3 Tabellenverzeichnis

Tab.1-1 Übersicht über die kommerziell erhältlichen *Pichia*-Expressionsvektoren _____25

Tab.4-1 Quantifizierung der TAP-Aufreinigung, erste Optimierung _____77

Tab.4-2 Quantifizierung der TAP-Aufreinigung, zweite Optimierung _____78

Tab.4-3 Quantifizierung der TAP-Aufreinigung, dritte Optimierung _____79

Tab.4-4 Quantifizierung der TAP-Aufreinigung, vierte Optimierung _____80

Tab.4-5 Quantifizierung der TAP-Aufreinigung, fünfte Optimierung _____81

Tab.4-6 Interaktionspartner mit Vti1p in der Probe F1 (66 kDa) _____84

Tab.4-7 Interaktionspartner mit Vti1p in der Probe F2 (70 kDa) _____87

Tab.4-8 Interaktionspartner mit Vti1p in der Probe F4 (58 kDa) _____87

Tab.4-9 Nachweis von Vti1p zur Kontrolle der MALDI-TOF Analytik _____88

Tab.4-10 Interaktionspartner mit Vti1p in der Probe F1 (78 kDa) _____89

Tab.4-11 Zusammenfassung der Interaktionspartner mit Vti1p _____90

Tab.4-12 N-terminale Vti1p-Mutanten _____108

Tab.4-13 Erhaltene Klone nach Elektroporation auf RDB-His Agarplatten _____124

Tab.4-14 Erhaltene ChR2-RGS-6His Klone in SMD1163-Zellen nach Elektroporation _____124

Tab.4-15 Erhaltene ChR2-RGS-6His Klone in SMD1163-Zellen nach PEG1000-Transformation _____125

Tab.4-16 Channelrhodopsin-2 Einzelaminosäure Mutanten _____128

Tab.8-1 Interaktionspartner mit Vti1p in der Probe F1 (66 kDa) ab einem *Score* von 36 _____IX

Tab.8-2 Interaktionspartner mit Vti1p in der Probe F1 (116 kDa) _____XII

Tab.8-3 Interaktionspartner mit Vti1p in der Probe F2 (70 kDa) ab einem *Score* von 29 _____XIII

Tab.8-4 Interaktionspartner mit Vti1p in der Probe F5 (15 kDa) _____XIV

Tab.8-5 Interaktionspartner mit Vti1p in der Probe F1 (78 kDa) ab einem *Score* von 36 _____XV

Tab.8-6 Interaktionspartner mit Vti1p in der Probe F2 (72 kDa) _____XVI

Tab.8-7 Interaktionspartner mit Vti1p in der Probe F3 (71 kDa)..................XVII

Tab.8-8 Interaktionspartner mit Vti1p in der Probe F5 (50 kDa)..................XVIII

Tab.8-9 Interaktionspartner mit Vti1p in der Probe F6 (45 kDa)..................XIX

Tab.8-10 Interaktionspartner mit Vti1p in der Probe F7 (40 kDa)..................XXI

Tab.8-11 Interaktionspartner mit Vti1p in der Probe F8 (35 kDa)..................XXI

8.4 Detektierte Interaktionspartner des N-Terminus von Vti1p

Tab.8-1 Interaktionspartner mit Vti1p in der Probe F1 (66 kDa) ab einem *Score* von 36.

66 kDa-Probe					
Interaktionspartner		Beschreibung	Sequenz [bp]	Molekulargewicht [kDa]	*Score*
Standard Name	Systematischer Name				
-	YDR282C	Protein mit unbekannter Funktion	1244	47,2	36
-	YMR321C	Protein mit unbekannter Funktion	317	11,6	34
CDC28	YBR160W	Katalytische Untereinheit der Cyclin-abhängigen Kinase des Zellzyklus (CDK), assoziiert mit G1 und G2 Cyclinen	896	34,0	34
MRPL10	YNL284C	mitochondriales Protein der großen Untereinheit, auch bekannt als MRPL18	968	36,3	33
-	YNR068C	Protein mit unbekannter Funktion	818	31,2	33
PEX6	YNL329C	AAA-Peroxin, das mit AAA-Peroxin Pex1p dimerisiert, beteiligt am Recycling des peroxisomalen Signalrezeptor Pex5p zwischen der peroxisomalen Membran und dem Cytosol	3092	115,6	32
VMA2	YBR127C	Untereinheit B der V1 peripheren Membrandomäne der vakuolären H$^+$-ATPase, enthält Nukleotid Bindestellen, auch im Cytoplasma lokalisiert	1553	57,7	32

TRA1	YHR099W	Untereinheit der SAGA und NuA4 Histon-Acetyltransferase-Komplexe, interagiert mit sauren Aktivatoren (Gal4p) zur Aktivierung der Transkription, ähnlich zur humanen TRRAP	11234	433,2	32
CUS1	YMR240C	Protein benötigt zur Zusammensetzung der U2 snRNP zum Spleisosom, formt einen Komplex mit Hsh49p und Hsh155p	1310	50,3	31
SER3	YER081W	3-Phosphoglycerat Dehydrogenase, katalysiert ersten Schritt der Serin und Glycin Biosynthese, Isoenzym von Ser33p	1409	51,2	31
MLH2	YLR035C	Protein involviert in Reparatur einiger *frameshift* Zwischenprodukte, involviert in meiotischer Rekombination, formt Komplex mit Mlh1p	2087	78,2	30
DCS2	YOR173W	Stress-induziertes regulatorisches Protein, enthält HIT (Histidin Triade) Motiv, moduliert m7G-Oligoribonukleotid Metabolismus, inhibiert Dcs1p, reguliert durch Msn2p, Msn4p und Ras-cAMP-cAPK Signalweg, Ähnlichkeiten zu Dcs1p	1061	40,9	30
-	YLR211C	Protein mit unbekannter Funktion, lokalisiert im Cytoplasma, nicht essentiell, ORF enthält Intron	739	26,0	29
FOX2	YKR009C	Multifunktionales Enzym des peroxisomalen Fettsäure β-Oxidationsweg, zeigt 3-Hydroxyacyl-CoA Dehydrogenase und Enoyl-CoA Hydratase Aktivität	2702	98,7	29
HMI1	YOL095C	ATP-abhängige DNA Helicase, lokalisiert an der inneren Mitochondrien-Membran	2120	80,6	29

-	YLR049C	Protein mit unbekannter Funktion	1286	49,5	29
VPS21	YOR089C	GTPase, wird benötigt für den Transport während der Endocytose und für das korrekte *Sorting* von vakuolären Hydrolasen, lokalisiert in endozytotischen Zwischenprodukten, auch in Mitochondrien detektiert, Rab5 Homolog	632	23,1	28
PET309	YLR067C	Translationsaktivator für die COX1 mRNA, beeinflußt Stabilität der COX1 Primärtranskripte, lokalisiert an der inneren Mitochondrienmembran, enthält 7 Pentatricopeptide (PPRs)	2897	112,6	27
UGA2	YBR006W	Succinat-Semialdehyd-Dehydrogenase, involviert bei der Ausnutzung von gamma-Aminobutyrat (GABA) als Stickstoffquelle, Teil des 4-Aminobutyrat und Glutamat Abbauweg, lokalisiert im Cytoplasma	1493	54,2	27
RPL8A	YHL033C	Ribosomales Protein L4 der großen 60S ribosomalen Untereinheit, identisch zu Rpl8Bp	770	28,1	26
SSA1	YAL005C	ATPase involviert bei der Proteinfaltung und Transport in den Zellkern, Mitglied der HSP70-Familie, formt Chaperon-Komplex mit Ydj1p, lokalisiert im Zellkern, Cytoplasma und an der Zellwand	1928	69,7	26
SSA2	YLL024C	ATP-bindendes Protein, involviert bei der Proteinfaltung und dem vakuolären Import von Proteinen, Mitglied der HSP70-Familie,	1919	69,5	26

		assoziiert mit dem Chaperonin-haltigen T-Komplex, lokalisiert im Cytoplasma, in der Vakuolen-Membran und in der Zellwand			
STB1	YNL309W	Protein, involviert in der Regulierung der MBF-spezifischen Transkription, phosphoryliert durch die Cln-Cdc28p Kinase in vitro, unphosphorylierte Form bindet an Swi6p diese Bindung wird für die Stb1p Funktion benötigt, Expression ist Zellzyklus reguliert	1262	45,7	25
MET12	YPL023C	Cytoplasmatische ATPase, ein Ribosomen-assoziiertes Chaperon, funktioniert mit J-Protein Partner Zuo1p, involviert bei der Faltung von neu synthetisierten Polypeptidketten, Mitglied der HSP70-Familie, Homolog von SSB1	1973	73,9	24
PWP2	YCR057C	Konservierte 90S pre-ribosomale Komponente, essentiell für korrekte endonukleolytische Spaltung des 35 S rRNA *Precursors* an den A0, A1, und A2 Seiten, enthält 8 WD-*repeats*; PWP2 Deletion führt zu Defekten im Zellzyklus und Knospung	2771	104,0	22

Tab.8-2 Interaktionspartner mit Vti1p in der Probe F1 (116 kDa).

116 kDa-Probe					
Interaktionspartner		Beschreibung	Sequenz [bp]	Molekulargewicht [kDa]	*Score*
Standard Name	Systematischer Name				
SSB1	YDL229W	cytoplasmatische ATPase als Ribosomen-assoziiertes Chaperon,	1841	66,6	114

		interagiert mit J-Protein Partner Zuo1p, vermutlich in der Bildung neuer Polypeptid-Ketten involviert, Mitglied der HSP70 Familie, interagiert mit der Phosphatase-Untereinheit Reg1p				
SSB2	YNL209W	Homolog von SSB1	1841	66,6	99	
ADE12	YNL220W	Adenylosuccinat Synthase, katalysiert ersten Schritt bei der Synthese von AMP aus Inosin 5'Monophosphat während der Purin-Nukleotid Biosynthese	1301	48,3	44	
MNE1	YOR350C	Mitochondriales Protein ähnlich zur *Lucilia illustris* Cytochrom Oxidase	1991	77,2	33	
RPS16B	YDL083C	Komponente der kleinen (40S) ribosomalen Untereinheit, identisch zu Rps16Ap, Ähnlichkeiten zu S9 aus *E. coli* und S16 der Ratte	863	15,8	33	

Tab.8-3 Interaktionspartner mit Vti1p in der Probe F2 (70 kDa) ab einem *Score* von 29.

70 kDa-Probe					
Interaktionspartner		Beschreibung	Sequenz [bp]	Molekular-gewicht [kDa]	Score
Standard Name	Systematischer Name				
GRS2	YPR081C	Sequenzähnlichkeit zu Grs1p, Pseudogen exprimiert bei niedrigem Level	1856	71,02	29
CCT8	YJL008C	Untereinheit des cytosolischen Chaperonin Cct Ring Komplex, wird benötigt für die Zusammensetzung von Actin und Tubulin in vivo	1706	61,7	24
GEP7	YGL057C	unbekannte Funktion, detektiert in Mitochondrien, Mutante	863	33,0	24

| | | zeigt Wachstumsdefekt auf einer nicht-fermentierbaren Kohlenstoffquelle | | | |

Tab.8-4 Interaktionspartner mit Vti1p in der Probe F5 (15 kDa).

Interaktionspartner		15 kDa-Probe			
Standard Name	Systematischer Name	Beschreibung	Sequenz [bp]	Molekulargewicht [kDa]	Score
ERV1	YGR029W	Flavin-gebundene Sulfhydryl-Oxidase des mitochondrialen Intermembranraumes (IMS), oxidiert Mia40p als Teil eines Disulfid-Relay Systems, dass die Einbehaltung von IMS-Proteinen unterstützt, Ortholog des humanen Hepatopoetin	652	21,6	40
VTI1	YMR197C	Protein involviert im cis-Golgi Membrantransport, v-SNARE interagiert mit zwei t-SNARES, Sed5p und Pep12p, wird benötigt für unterschiedliche vakuoläre Proteintransportwege	653	24,7	36
RPA43	YOR340C	RNA-Polymerase I Untereinheit A43	980	36,2	33
RPL2A	YFR031C-A	Komponente der großen 60S ribosomalen Untereinheit, identisch zu Rpl2Bp, Ähnlichkeit zum ribosomalen Protein L2 aus E. coli und L8 der Ratte	911	27,4	33
RPL2B	YIL018W	Komponente der großen 60S ribosomalen Untereinheit, identisch zu Rpl2Ap, Ähnlichkeit zum ribosomalen Protein L2 aus E. coli und L8 der Ratte, Expression erhöht bei niedrigen Temperaturen	1164	27,4	33

Tab.8-5 Interaktionspartner mit Vti1p in der Probe F1 (78 kDa) ab einem *Score* von 36.

Interaktionspartner		Beschreibung	Sequenz [bp]	Molekulargewicht [kDa]	*Score*
Standard Name	**Systematischer Name**				
UTP22	YGR090W	U3 snoRNP Protein involviert in der Reifung der pre-18S rRNA	3713	140,5	36
RTT102	YGR275W	Komponente der SWI/SNF und RSC Chromatin Remodelierungskomplexe, vermutete Rolle bei der Chromosomen Aufrechterhaltung, schwacher Regulator der Ty1 Transposition	473	17,8	36
SDH3	YKL141W	Cytochrom b Untereinheit der Succinat-Dehydrogenase, die die Oxidation von Succinat mit dem Elektronentransfer auf Ubiquinon koppelt	596	22,1	31
-	YPR091C	unbekannte Funktion, vermutlich Interaktion mit Ribosomen, lokalisiert am ER, nicht essentiell	2312	87,3	31
NAN1	YPL126W	U3 snoRNP Protein, Komponente der kleinen, ribosomalen Untereinheit des Prozessosoms, das U3 snoRNA enthält, benötigt für die Biogenese der 18S rRNA	2690	101,2	30
TEN1	YLR010C	reguliert Länge der Telomere, schützt die telomeren Enden im Verbund mit Cdc13p und Stn1p	482	18,6	30
MYO1	YHR023W	Typ II Myosin schwere Kette, benötigt für Cytokinese und Zellteilung, lokalisiert am Actomyosin Ring, bindet an die Myosin leichte Kette Proteine Mlc1p und Mlc2p durch	5786	223,6	29

		die IQ1 und IQ2 Motive		

Tab.8-6 Interaktionspartner mit Vti1p in der Probe F2 (72 kDa).

72 kDa-Probe				
Interaktionspartner		Beschreibung	Sequenz [bp]	Molekular-gewicht [kDa]	Score
Standard Name	Systematischer Name			
SSA1	YAL005C	ATPase involviert bei der Proteinfaltung und Transport in den Zellkern, Mitglied der HSP70-Familie, formt Chaperon-Komplex mit Ydj1p, lokalisiert im Zellkern, Cytoplasma und an der Zellwand	1928	69,7	199
DED1	YOR204W	ATP-abhängige DEAD-box RNA Helicase, benötigt zur Initiation der Translation aller Hefe mRNAs, Mutationen der humanen DEAD-box DBY als Ursache für männliche Unfruchtbarkeit	1814	65,6	199
PRP11	YDL043C	Untereinheit des SF3a splicing factor Komplex, benötigt für die Zusammensetzung des Spleisosoms	800	30	199
SSA2	YLL024C	ATP-bindendes Protein, involviert bei der Proteinfaltung und dem vakuolären Import von Proteinen, Mitglied der HSP70-Familie, assoziiert mit dem Chaperonin-haltigen T-Komplex, lokalisiert im Cytoplasma, in der Vakuolen-Membran und in der Zellwand	1919	69,5	78
SSC1	YJR045C	ATPase der mitochondrialen Matrix, Untereinheit des Translokase-assoziierten Protein Import Motors (PAM) und der SceI Endonuklease, involviert bei der Proteinfaltung und der	1964	70,6	50

| | | Translokation in die Matrix, phosphoryliert, Mitglied der HSP70-Familie | | | |

Tab.8-7 Interaktionspartner mit Vti1p in der Probe F3 (71 kDa).

| 71 kDa-Probe ||||||
| Interaktionspartner || Beschreibung | Sequenz [bp] | Molekular-gewicht [kDa] | Score |
Standard Name	Systematischer Name				
SSB1	YDL229W	cytoplasmatische ATPase als Ribosomen-assoziiertes Chaperon, interagiert mit J-Protein Partner Zuo1p, vermutlich in der Bildung neuer Polypeptid-Ketten involviert, Mitglied der HSP70 Familie, interagiert mit der Phosphatase-Untereinheit Reg1p	1841	66,6	235
SSB2	YNL209W	Homolog von SSB1	1841	66,6	222
FTR1	YER145C	Hochaffine Eisen-Permease, involviert beim Transport von Eisen über die Plasmamembran, formt Komplex mit Fet3p, Expression reguliert durch Eisen	1214	45,7	36
DED1	YOR204W	ATP-abhängige DEAD-box RNA Helicase, benötigt zur Initiation der Translation aller Hefe mRNAs, Mutationen der humanen DEAD-box DBY als Ursache für männliche Unfruchtbarkeit	1814	65,6	33
RNT1	YMR239C	RNAse III, involviert bei der rDNA Transkription und rRNA Prozessierung	1415	54,0	32
-	YGR204C-A	unbekannte Funktion, identifiziert durch Microarray-gestützte Expressionsanalyse	113	4,5	32
PRP28	YDR243C	RNA Helicase der	1766	66,6	28

		DEAD-box Familie, involviert bei der Isomerisierung an der 5' Splicestelle			
MNE1	YOR350C	Mitochondriales Protein ähnlich zur *Lucilia illustris* Cytochrom Oxidase	1991	77,2	26

Tab.8-8 Interaktionspartner mit Vti1p in der Probe F5 (50 kDa).

50 kDa-Probe						
Interaktionspartner		Beschreibung	Sequenz [bp]	Molekular-gewicht [kDa]	Score
Standard Name	Systematischer Name					
-	YDL027C	Protein mit unbekannter Funktion, detektiert in Mitochondrien	1262	48,3	31
OLE1	YGL055W	Delta-9-Fettsäure Desaturase, benötigt für die Synthese von mono-ungesättigten Fettsäuren	1532	58,4	31
COS12	YGL263W	Protein mit unbekannter Funktion, Mitglied der DUP380-Familie	1142	44,8	29
ERG3	YLR056W	C-5 Sterol Desaturase, katalysiert die Einführung einer C-5(6) Doppelbindung in Episterol, Mutanten können nicht auf einer unfermentierbaren Kohlenstoffquelle wachsen	1097	42,7	29
HOT13	YKL084W	Protein aus dem mitochondrialen Intermembranraum, erste Komponente für die Zusammensetzung kleiner TIM (*Translocase of the Inner Membrane*) Komplexe, die hydrophobe Proteine der inneren Membran zu dem TIM22 Komplex eskortieren	350	13,6	27
ELP4	YPL101W	Untereinheit des Elongator-Komplex, benötigt für die Modifikation der *wobble* Nukleoside der tRNA	1370	51,2	26

HIP1	YGR191W	Hochaffine Histidin Permease, involviert im Transport von Mangan-Ionen	1811	66,0	25
IML3	YBR107C	Protein mit Kinetochor-Funktion, lokalisiert am äußeren Kinetochor, interagiert mit Chl4p und Ctf19p	737	28,0	22
RML2	YEL050C	Mitochondriales, ribosomales Protein der großen Untereinheit, hat Ähnlichkeit zum *E. coli* L2	1181	43,8	22
ADK2	YER170W	Mitochondriale Adenylat-Kinase, katalysiert die reversible Synthese von GTP und AMP aus GDP und ADP	677	25,2	21

Tab.8-9 Interaktionspartner mit Vti1p in der Probe F6 (45 kDa).

Interaktionspartner		45 kDa-Probe			
Standard Name	Systematischer Name	Beschreibung	Sequenz [bp]	Molekular-gewicht [kDa]	Score
LEU2	YCL018W	Beta-Isopropylmalat Dehydrogenase (IMDH), katalysiert dritten Schritt der Leucin Biosynthese	1094	38,9	55
-	YCL068C	Protein mit unbekannter Funktion	782	30,2	40
YKT6	YKL196C	Vesikuläres Mebranprotein (v-SNARE) mit Acyltransferase-Aktivität, involviert im Transport von und zu dem Golgi, im endozytotischen Transport zur Vakuole und bei der Vakuolenfusion	602	22,7	34
RPL4A	YBR031W	N-terminal acetyliertes Protein der 60S ribosomalen Einheit, identisch mit Rpl4Bp	1088	39,0	34
YTM1	YOR272W	Bestandteil der 66S pre-ribosomalen Partikel, benötigt für die ribosomale Reifung	1382	51,4	33
ISW2	YOR304W	Mitglied des ATP-	3362	130,3	32

		abhängigen Chromatin Remodellierungskomplex			
CIT1	YNR001C	Citrat-Synthase, katalysiert Kondensation von Acetyl Coenzym A mit Oxalacetat zu Citrat	1439	53,4	32
MRPL50	YNR022C	Mitochondriales, ribosomales Protein der großen Untereinheit	419	16,3	28
YSW1	YBR148W	Protein exprimiert in Sporen	1829	70,2	28
HCA4	YJL033W	DEAD-box RNA Helicase, involviert in 18S rRNA Synthese	2312	87,2	25
SPC2	YML055W	Untereinheit des Signal Peptidase Komplex (Spc1p, Spc2p, Spc3p, Sec11p), katalysiert N-terminale Spaltung der Signal Sequenz bei Proteinen des sekretorischen Exports	536	20,8	25
ERG29	YMR134W	Protein bindet und reguliert Erg25p, lokalisiert am ER	713	28,0	24
TPM1	YNL079C	Hauptisoform von Tropomyosin, bindet und stabilisiert Actin Filamente	599	23,5	24
RPL7B	YPL198W	Komponente der großen 60S ribosomalen Untereinheit, enthält konservierte C-terminale DNA-Bindedomäne (NDB2), Homolog zu Rpl7Ap	1550	27,7	23
RPL7A	YGL076C	Komponente der großen 60S ribosomalen Untereinheit, enthält konservierte C-terminale DNA-Bindedomäne (NDB2), Homolog zu Rpl7Bp	1661	27,6	23
TRI1	YMR233W	nicht-essentielles sumoyliertes Protein mit unbekannter Funktion, lokalisiert im Cytoplasma	680	26,5	23

Tab. 8-10 Interaktionspartner mit Vti1p in der Probe F7 (40 kDa).

Interaktionspartner		40 kDa-Probe			
Standard Name	Systematischer Name	Beschreibung	Sequenz [bp]	Molekulargewicht [kDa]	Score
TRM13	YOL125W	2'-O-Methyltransferase verantwortlich für Modifikation der tRNA an der Position 4	1430	54,1	37
GGA2	YHR108W	Golgi-lokalisiertes Protein mit Homologie zu gamma-Adaptin, interagiert und reguliert Arf1p und Arf2p in Abhängigkeit von GTP, ermöglicht Transport durch Golgi	1757	64,3	34
VPS38	YLR360W	Teil des Vps34p Phosphatidylinositol-3-Kinase Komplex, beteiligt am CPY-Sorting, bindet Vps30p und Vps34p zur Erzeugung von Phosphatidylinositol 3-Phosphat (PtdIns3P) zur Stimulation der Kinase Aktivität	1319	50,8	33

Tab. 8-11 Interaktionspartner mit Vti1p in der Probe F8 (35 kDa).

Interaktionspartner		35 kDa-Probe			
Standard Name	Systematischer Name	Beschreibung	Sequenz [bp]	Molekulargewicht [kDa]	Score
YRA1	YDR381W	Kernprotein, bindet an RNA und an Mex67p, Mitglied der REF (RNA und Export-Faktoren bindende Proteine)-Familie, Yra2p kann Funktion ersetzen	1446	25,0	31
HCR1	YLR192C	Protein mit dualer Funktion, involviert in der Initiation der Translation als substöchiometrische Komponente des eukaryotischen Initiationsfaktors 3 (eIF3), wird zur Prozessierung der 20S	797	29,6	30

		pre-rRNA benötigt, bindet an die eIF3 Untereinheiten Rpg1p, Prt1p und die 18S rRNA			
-	YGL193C	Haploid-spezifisches Gen, unterdrückt durch a1-alpha2, Abwesenheit verstärkt Sensitivität von rad52-327 Zellen auf Campothecin	311	12,0	29
MRS2	YOR334W	Mitochondriales Mg^{2+}-Kanalprotein der inneren Membranen, benötigt für die Erhaltung der intramitochondrialen Mg^{2+}-Konzentration	1412	54,2	29
INM1	YHR046C	Inositol Monophosphatase, involviert in der Biosynthese von Inositol und Phosphoinositid *second messenger*, INM1 Expression wird durch Inositol erhöht und durch Lithium und Valproat erniedrigt	887	32,8	27